もし、自分の会社の社長がAIだったら？

近藤昇
株式会社ブレインワークス
代表取締役

カナリアコミュニケーションズ

はじめに

もうすぐ54歳になる。働き始めてから30年が過ぎた。振り返ってみると、私の仕事人生はほぼＩＣＴと関わってきた。もともと、私はＩＣＴ（情報通信技術）などは最も苦手な部類で、敬遠する仕事のひとつだった。農家で生まれ育ったせいか、体と頭を使った現場仕事が好きだった。反面、無機質に感じるＩＣＴの仕事は性に合わないと思っていたが、神様のちょっとした悪戯で私の仕事人生における舳先の方向が大きく変わった。建設現場監督を志していた私は建設会社に意気揚々と入社する。しかし、そこに待ち受けていたのは、情報システム部門への配属だった。まさに青天の霹靂である。

あの頃から自分の好奇心と勘に任せてさまざまな仕事をしてきた。当時、ＮＥＣからＰＣ-９８００シリーズが発売された頃だ。その頃に色々なプログラミング言語を覚えた。ちょうどその頃にもＡＩブームが到来し、エキスパートシステムが注目されることになり、私も少し心躍った記憶がある。特別、ＩＣＴに強い思い入れがあったわけではない。ましてや、やりたかったこととは違った。しかし、覚えてみると面白い。そしてＩＣＴの仕事ばかりに関わり続けた。そんな経緯で関わり始めたＩＣＴである。何のために自分の仕事人生を賭してまで関わり続けたのだろうか？　アナログをこよなく愛する私だからこそ、今までずっと考え続けてきた。

私自身、ＩＣＴにかかわる多くの仕事をしてきたが、いまだにＩＣＴのことはよくわからない。

――本当に人々の役に立っているのだろうか？

――ＩＣＴのおかげで人々の生活は豊かになっているのか？

――企業経営の現場でも投資対効果はあるのか？

どの問いも正直よくわからない。世間はＩＣＴ革命と騒ぎ立てている。私も仕事においてさまざまな情報収集をしている。文献や書籍に目を通すことは当たり前であり、専門家とも頻繁にＩＣＴの現状について意見交換をしている。そのような知見から考えた結論は「すでにＩＣＴ革命はスタートしている」である。しかし、残念ながらその兆候に日本人の多くはまだ気づいていないようだ。ＩＣＴ革命の大波は先進国以上に、世界の新興国や発展途上国に急激に押し寄せている。アフリカや東南アジアののどかな田舎町にもＩＣＴが当たり前のように浸透している。現場に立つと、スマホをもってタイムマシンで子供の頃に戻った感覚に見舞われる。現代の日本人が経験したことのない地殻変動が世界の新興国や発展途上国で起こっているように感じる。そういえば、フランスの経済学者であるジャック・アタリの世界経済の中心が欧米からアジアやアフリカへ移行するという本を読んだことがある。現代の世界の潮流を見れば、その予言は的中していることがわかる。

地球には、人間だけでなく、数えきれない生物や植物が生息している。地球は多様性に富んだ星である。人間だけでなく、ましてや人間だけでも言語が無数に存在する。「ＩＣＴが世界の何を変えるのか？」という問いに対する答えとして、最も適しているのは「多様性の中に生きている世界中の人々がつながること」である。国境を越え、人種を超え、そして人と人がつながる。そこで情報も共有される。それは今までにない新たな発想を生み出すはずだ。そして、未来のイノベーションの種をつくりだすことにつながる。このつながることで私がひとつ伝えたいことは「多様性を失ってはならない」という点だ。私たちはさまざまな環境で個々があらゆる文化・風習を大切にしながら生きている。そこに、「人間らしさ」に触れることができるだろう。ＩＣＴは単なるツールかもしれない。しかし、そのツールに血を通わすことができるのは、それも人間しかいない。昨今のＩＣＴやＡＩブームを見るにつけ、「そうではないだろう」と首を傾げてしまう。ＩＣＴやＡＩをビジネスツールとしての視点だけでとらえるのではなく、地球全体の視点、生活者としての人間の視点からとらえることが最も大切なことではないかと常に考えている。ＩＣＴやＡＩは人間が人間らしく生きるためのツールであるはずだ。地球で生活する私達が環境や地域格差を乗り越え、いかに豊かに生活を送ることができるのか？　その実現に向けてこれらの技術をいかに活用するのかを皆が議論すべきではないだろうか。本書はそんな思いを日々書き綴り、ブログとして発信していたものを加筆編集したものである。

会社を経営し始めて22年が過ぎた。まだ何もできていないし、やりたいことはたくさんある。経営とは自問自答と根気に尽きると、最近ようやくわかりはじめてきた。自分は何のために会社を経営しているのか、と常に考える。日々の業務に忙殺され、原点を見失いかけることも少なくない。そんなとき、ふと「社長業にＡＩを取り入れるとどうなるだろうか？」と浮かんできた。もしかしたら、より本来の仕事に専念できるのかもしれない。本書のタイトルもこのような発想から生まれた。果たしてどうだろうか？　本当に社長業はＡＩで変わるのだろうか？

日本における資本主義の父と呼ばれる渋沢栄一の思想に傾倒する新興国が増えているという。最近、「浪漫とソロバン」という言葉をよく耳にする。これは渋沢栄一の「論語とソロバン」を模して使われているのだろう。彼は道徳と経済の融合を前提におき、一個人が利益を独占するような事業ではなく、社会全体が利益を享受できる事業を繁栄させていく心構えを多くの経営者に説き続けた。今、巻き起こるＩＣＴブーム、Ａ

Ｉブームも渋沢栄一が見れば、危ういものに映るのかもしれない。もっと人間らしく生きるためのＩＣＴ活用と技術進化を実現できる社会へと成熟させていかなくてはならない。そんな「浪漫とソロバン」を真剣に経営者自身が考え始める。ＡＩはそんな経営者の心強い味方になるかもしれない。ＡＩは人間を退化させるのではなく、新たな発想とクリエイティブを生み出すためのサポート役が相応しいのではないだろうか。

そんなことを考えていると、毎日がなかなか面白い。10年後はどのような社会が目の前に広がっているのだろうか？　今から楽しみでならない。

２０１６年9月　ブレインワークス　代表取締役　近藤 昇

目次

PART I 社会への提言

PART Ⅱ

企業経営への提言

PART Ⅲ 日本人への提言

PART I

社会への提言

提言1

居酒屋とロボット、そしてアジアの留学生について考える

居酒屋で働くアジアの留学生が増えてきている。なにも今に始まったことではない。数年前から顕著になっており、日本国内のコンビニや居酒屋などのアルバイト不足が騒がれてすでに久しい。若者人口の減少と若者のサービス業におけるアルバイト離れが重なって、年々、サービス業の現場には人手不足が目立つようになってきた。そんな中、中国人のアルバイトが目立つようになり、最近では、ベトナム人も増えてきた。ベトナム人留学生の数はすでに中国に次いで2番目になっている。店先での印象と実態は合致していることになる。つまり、このような業態における多くのアルバイトは外国人留学生の占める割合が急拡大しているのだ。

私がよく通う不動前（東京都品川区）の居酒屋ではミャンマー人が働いている。学

生街にあるような学生客中心の居酒屋であれば、サービスの良し悪しを気にしているのではなく、腹一杯食べて、安くて、騒げるところで問題ない。だから、日本人が好んで求める少しハイレベルのサービスは必要ない。ところが、最近は人手不足の深刻化により接待で使えそうな飲食店でもアジアの留学生が増えてきた。以前から、居酒屋で海外の人が働くことはあったが、大抵は日本語のレベルが高く、サービスも身についていた。ところが、今は違う。それらのスキルもままならないまま、アルバイトとして店に立っている子たちが目につくようになった。

このことは店舗のマネジメントの問題でもある。しかし、実態はじっくり育てている時間もなく、猫も杓子も・・・という状況なのだろう。

こんなサービス業界の変化の中、日本の良いサービスに慣れすぎた日本人客がどう考えるか、そしてどう反応するかが、日本のサービス業の行く末に大きく影響すると常々思う。特に、ベトナム現地でレストランビジネスなどに関わっていると、サービス業における人件費の重みをヒシヒシと実感する。東南アジアなどは、まだ人件費が日本の5分の1から10分の1程度のところが多い。日本で客単価5000円のレストランレベルであれば、ベトナムのホーチミンだと客単価１５００円前後くらいだ。そのベトナムも人件費は上がり続けているのでその差は小さくなりつつあるだろう。しかし、それでも利益確保は日本のそれに比べるとずいぶん楽だ。比較してみれば、日本国内における飲食ビジネスはどれほど大変かと実感する。

今のベトナムのような新興国の課題は、日本のようなサービスレベルにまったく達していないことだ。すでに味は日本のちょっとした居酒屋と遜色ないレベルまできている。

いきなり、今の日本のレベルに到達することはないが、次の差別化のポイントのひとつがサービス力になる。そういう意味でもサービス力の伸びしろはまだまだいくらでも残されている。日本の経営者がこういう伸び盛りの新興国で飲食業にチャレンジしたくなる理由のひとつでもあるのだろう。ビジネスがシンプルで楽しくできる場所であることは間違いない。

こんな比較をしながら、日本でお酒を飲むことも多い私は、日本の居酒屋でアジアの留学生の活躍ぶりにはとても関心がある。一方、先進国の日本の世の中はそろそろサービス業にもロボットが本格的に登場するのではないか。すでに長崎のハウステンボスにおけるホテルでは受付がロボットだったりする。介護は単なるサービスとはいえないが、この分野にもロボットが登場している。すでに回転寿司などは自動化が進んでいる。

さて、考えてみたい。回転寿司を頻繁に利用するお客さんが人によるサービスを期待しているだろうか？　私も時々行くが、その度に感心する。とにかく自動化の進化が目覚しい。注文もほぼオンラインだ。人件費の削減には大いに効果を発揮しているだろう。最近はデータマイニングを使ってお客様にタイムリーに寿司を流す・・そんな店まで現れたという。そうすると、あとは接客と会計くらいが人間の仕事に思えるが、実はこれもロボット化の範疇ともいえる。

では、お客様からのクレームや突発的な対応はどうするか？　私はオンラインでセンターのオペレーターがテレビ画面上に登場すれば足りると考えている。そもそも、回転寿司に行く人は大抵のお客様が人によるハイサービスは求めていないだろうから。

ＩＣＴビジネスの世界に身を置いていると、ついついこんなことを考えることも多い。

居酒屋の話に戻そう。変化していくサービスの在り方に満足するかどうかは結局はお客様次第ということである。少なくとも学生中心でちょっとほろ酔いセットのビジネスパーソン中心の店ではすでに店員は不要だろう。ＩＣＴとロボットで十分である。

では、人にサービスして欲しいと思う欲求との境目はどこにあるのか？　行き着くところは料金との兼ね合いだ。お客さんの期待に対して、サービスの提供、結果としての満足度とそれに対する対価に行きつき、サービスがハイレベルな店は自然と単価が高くなる。

人によるおもてなしを期待しているわけだから、その分金額が高くなるのは当然だ。このような棲み分けの時代がもうそこまで来ていると思う。

それともうひとつ、ロボットとの関わりを意識し始めた日本人が考えておくべきことがある。そもそも、日本という国は海外の労働力に支えられてきた現実を、である。サービス業などのアルバイトは最近のことだが、製造業や農業、漁業などの一次産業における技能研修生中心の労働力に支えられて日本の経済は成り立っているし、私たちの便利な生活も成立している。こんなことも知らない若者が増えてきた日本はこの先にどうなるのか、と不安になる。もっとも、大人でもこういう現場の現実を知らないで働いている人が最近は増えている。特に、都心の大企業で働く人は無関心のようにも映る。自分たちがやりたくない仕事を結果的に海外の労働者に頼る。不法就労も後を絶たない。その背景には、日本の労働者不足がある。そろそろ日本人も現実を直視する時期を迎えていると思う。

もちろん、法律に準拠し、お互いの利害が一致していればよい。海外にはたくさん日本で稼ぎたい人もいる。相手のメリットを考えて仕事の場の提供があればよい。しかし、搾取型はいけない。何事もバランスが大切だ。

日本はそろそろこのような現場の労働を誰に頼るのかを真剣に考えなければならない。

自分たちなのか？

海外の人なのか？

ロボットなのか？

ロボットだらけの居酒屋が増える前にこの過渡期を近隣のアジアの国々に支えてもらっている現状を日本人はもっと知るべきだろう。

提言 2

顧客に正直な商売はどこへいったのか？

今やインターネットやスマホで物を買うのは若者に限らずシニアまで当たり前になった。

インターネットで買い物といえばＥＣがすぐに思い浮かぶ。今ではＥＣ以外にも多くの商売の仕組みがインターネット上で用意されている。便利なことだが、少し考えたい。逆の見方をすれば、ＩＣＴが社会において当たり前の存在になる中、私たちの生活は至る所に余計なものやサービスを買わせる仕組みがあちこちに埋め込まれているといえよう。

ポイントカードも増えてきた。小売店やレストラン、ホテルなどのメルアド獲得も今や当たり前である。いずれの方法も目的は顧客の囲い込みにある。潜在顧客やリピーターとして、個人にリーチするチャネルづくりに企業側は血眼になっている。気軽にひとたび登録してしまうと、それをきっかけに巧妙な仕掛けが次々と動き出す。

今の企業の関心事は簡単に言ってしまえば、いかに顧客に気づかれないように物を買わせ、サービスを受けさせるかである。パソコンでインターネットを利用するのは今や当たり前だが、これがスマホの世界だと特に顕著になる。スマホはそれこそ、いつでもどこでも使えるツールになった。触れる頻度が多い分、落とし穴にもはまりやすいといえる。

私も仕事でスマホをよく使うが、想像以上に多くの利用時間を費やしていることに気づく。国内であれば移動中の電車の中。良くないとはわかっていても、時には歩きながらメールを見たりもする。日本の地方に頻繁に出かけ、日常的に海外出張も多い。あちこち移動しているとスマホはとても便利だ。小型ノートパソコンすら今や煩わしさを感じる。限られた時間や僅かなスペースにスマホは良く似合う。使わずにいられない状態にしてしまう巧妙な罠が仕組まれていると知りながらも使ってしまう。私は仕事で使う頻度が高い分、プライベートではあまり使わないことにしている。ニュースなどを見るぐらいでＳＮＳもほとんどしないし、ゲームはまずしない。つまり、一般の生活にスマホを利用するユーザーではない。とはいえ、本来はスマホにのめりこまなくても便利で快適な生活を送ることはできるはずだ。

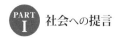

しかし、現実は違う。小さなスマホで、窮屈な電車の中や移動中に今の日本人は仕事以外でもスマホ漬けになっている。相当多くの人たちが、スマホでレストランを探し、スマホで就職活動をし、スマホで買い物をする。本の購入などは10年前と隔世の感がある。アマゾンなどは朝に注文した本が夜には家まで届くサービスを提供している。私も時々利用して、このサービスの利便性を享受しているので文句が言いたいわけではない。

今の時代、便利であることは売り手の罠が数多く仕掛けられているということである。顧客は商売する側の餌食になりやすい時代なのである。にもかかわらず、大半の人が巧妙な仕掛けに気づいていない。スマホに限らないが、今の日本の商売の仕組みの大半が、いかに顧客の知らないところ、気づかないところで『買い物をさせるか？』という一点に執着している。言い換えれば、いかに余計なものやサービスを買わせるか、ということだ。これは、人間の浪費を助長するビジネスといえるだろう。このままではますます日本の浪費は増えるばかりだ。ただでさえ、日本にはどれだけの中古品が溢れているのか。海外から見れば、日本の消費の異常さがよくわかる。

一昔前、クーリングオフが整備されていなかった頃、とにかく契約させることがすべてといった商売が横行していた。しかし、それはごく一部であった。実際には顧客に正直なビジネスも多かった。高度経済成長期が終わりかけた頃から、日本では顧客満足度（ＣＳ）向上が経営の最重要課題と位置づけられ、企業はさまざまな取り組みを推進してきた。「おもてなし教育」や「店の雰囲気づくり」、「アフターフォロー」、「丁寧なクレーム対応」などなど。具体的な改善テーマは山のようにある。そして、今も多くの企業でその取り組みは続いている。私達も企業支援サービスの一環で、顧客満足度向上支援や顧客づくりの支援を数多く提供してきた。こういう活動を見ていると、日本は顧客を大切にし、『お客様は神様』の国をひたすら目指しているかのように映る。しかし、昨今の様にＩＣＴが巧みに世の中に浸透し、顧客から見えない世界でＩＣＴが使われだすと、そんな日本の顧客満足向上の精神に疑いの眼差しを向けたくなる。この不自然で不条理なビジネスは専門家のみならず、一般のお客様も気づきだしている。「日本の商売の仕組みがおかしくなってきた」ことに。

個人情報の扱いひとつを見ても、複雑怪奇だ。国の方針にしても試行錯誤を繰り返している。個人情報をとにかく商売に使いたい企業とプライバシーを守りたい個人と、何が何でも景気を上向かせたい政府。それぞれの思惑の中で、いまだに明確な個人情報についてのガイドラインは定まっていないのが現状だ。さらに輪をかけて国民を悩ますマイナンバー制度が登場した。不安が募るばかりだ。

スマホを使っていて誰しも経験したことがあるだろう。なぜ、解約する手順があれほど複雑なのか。しかも、ある一定期間に解約しないと無駄な料金を取られる。うっかりしていると、とんでもない無駄金を使うことになる。アプリもそうだ。購入は簡単なので、何気にアプリを購入するのは良いが、解約の手続きが面倒くさい。わざわざ、わかりにくくしているとしか思えない。そんな煩わしい手続きはしたくない。忙しい人は解約が後回しになってしまう。まあ、月に３００円程度なら・・・と。今の日本のビジネスを支えているのはこんな人たちともいえる。

顧客に衝動買いさせる仕組みがすべて悪いといっているのではない。ウィンドウショッピングにしても本屋にしても、買う予定になかったものを買うのは、ある意味人間としての楽しみのひとつだ。物欲の本能を刺激してくれる。ストレス発散にしている人も多いだろう。コンビニのレジ脇にあるチロルチョコなどは思わず心が和む衝動買いの誘惑だ。おはぎが置いてあれば、私は喜んで買ってしまう。余計な糖分摂取にあとで後悔することも多いが・・・。

このようなことは商売の基本である。別に江戸時代から本質的には大きく変わっていないだろう。商売する側の意図が見える訳だから安心感はある。ＣＳ向上を経営課題の中心においていた20年前ぐらいは、まだまともだったといえる。自社を選んでもらうためのサービス力向上やブランド強化など顧客に正直な手を打っていた。ところが今は違う。ＩＣＴを巧みに利用し、顧客の気づかないところで商売をする。最大の原因はマーケットのシュリンクで企業に余裕がないことにある。そして、さまざまなノルマに追われて、顧客の見えないところで囲い込みを行い、余計なものを買わせることに必死だ。利益至上主義の行き過ぎとはこのことであろう。ＩＣＴ利用による商売の巧妙化ともいえる。コンビニのレジ脇のおはぎとは訳が違う。

商売が成熟していない経済の成長期は、ある程度のものやサービスを提供すれば、顧客はいくらでも増える。日本の戦後がそうであったように今のベトナムやアジア各国は売る側が偉い、つまり「売り様」の国が多い。お客様を意識するのはもう少し先だろう。だが、私は思う。今の日本こそ、「売り様」の国へと変貌してきているのではないか。しかも、顧客を巧みに騙すという意味でいえば、悪質な「売り様」ではないか。

良いものをつくり、喜ばれ、美味しいものを提供しているレストランにファンができる。

こういう時が一番、商売の原点が学べるはずだ。今の日本は望んでいない顧客にいかに物を買わせるか、サービスを申し込ませるかに腐心しすぎているように思える。残念ながら、つまらない国になりつつある。それが仕事の技や企業のノウハウというならば、そんなものは今の日本国内だけでしか通用しない。世界各国での商売には何の役にも立たないと思う。

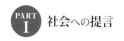

商売の原点をもう一度考えてみたい。それは、今は売り様の国であるアジアや発展途上国で感じることができるはずだ。すでに日本が忘れてしまった何かが見つかるかもしれない。

提言 3

車の自動運転への期待と置き去りにされる課題

夢物語が夢でなくなる。科学技術やＩＣＴの発展は私が子供の頃には不可能と思っていたことを可能にする力を秘めている。第四次産業革命と騒がれる昨今、特にそれを実感する。とはいえ、最初の産業革命以来まだ２００年しか経過していない。この間、その時々で驚くような進化が私たちの生活の中では起こり続けている。例えば、江戸時代の人にとってみたら飛行機が世界中を飛びまわり、新幹線が東海道五十三次を走り抜け、スマホ片手に世界中がオンラインでつながる世界など想像の枠を超えている。現在進行形で起こっていることは、昔の人にとってみたら想像できなくて当たり前だ。逆の話になるが、ドラえもんのタイムマシンに乗って、スマホを持って過去へ行けたらと思うと妙にワクワクするのは私だけであろうか？

さて、ＩＣＴによる第四次産業革命は始まったばかりという説が多い。このことを説明しろと言われても正直、よくわからない。ただひとつ言えることは、近い未来、今まで夢だったことが数多く想像以上のスピードで実現しそうだということだ。歴史の転換点は過ぎ去って初めて気づくことが多い。今回の産業革命も未来から眺めれば、そのような事象に映るのではないか。

未来で実現可能になる技術のひとつに自動車の自動運転がある。これはＩＣＴなくして成立しない。どうも政府は２０２０年の東京オリンピックの晴れの舞台を利用して、世界に日本の最先端交通システムをお披露目しようと画策しているようだ。メディアも自動運転の記事が多くなる。最近では、自動運転と聞いてもそれほど驚きもないし、新鮮さも薄れてきた感がある。

もうひとつ、注目すべきはグーグルの動きである。グーグルが自動車産業へ参入すると聞けば、俄かに信じがたい。しかし、現実の世界ではすでにトヨタと次世代の自動車産業の覇権争いで火花を散らしているのだ。ＩＣＴビジネスの見地からすると、グーグルが自動車産業に参入することは理解できる。しかし、ＩＣＴに詳しくない人達がこの状況を眺めれば、この動きを理解するまでには随分と時間がかかる。実際、私もICT関連のセミナーでこのような話をすることもあるが、どうもまだ反応としては全体的にはピンときていない。要はこれからの産業やビジネスは『情報』を握ったものが勝つ時代に突入したのだ。

「人・モノ・金」が経営資源であり、その中に『情報』が加わった…と言われて久しいが、これはからは経営資源で一番重要なものはこの『情報』だ。今でも、グーグルは私たちのさまざまな生活に関する情報を日々蓄積している。このことをICTに疎い友人などに話すると「信じられない」という反応を示す。彼は日本の平均的なビジネスパーソン。彼がそのような見識なのだから一般のシニアや主婦などは知らなくて当然だ。とはいえ、このことは有名芸能人のLINE情報が漏れたぐらいの程度の話ではない。

車の話に戻るが、今、日本の最新の車はカーナビが当たり前のように装着されている。そしてインターネットにつながり、スマホにもつながる。ユーザーは便利な時代を謳歌するかのごとく使いこなしている。しかし、これが何を意味するのか？　つまり、その気になれば、車における行動のすべてをグーグルなどの巨大ネットサービス企業は把握することができる。車外の情報にいたっては、常に携帯しているスマホからすべて把握もできる。トヨタが世界中で拡大する配車予約サービス「ウーバー」に出資したのは自動車産業の近未来を見据えているからからに他ならない。すでに巨大ネットサービス企業の存在はトヨタなど巨大メーカーの存続すら脅かすまでに成長している。

ちなみに、「ウーバー」は仕組みとしてはとても合理的である。タクシーの相乗りなどにも使えるため、結果として必要な車の総数は減る方向に向かうだろう。一見、自動車メーカーから見れば、完全にカニバリゼーション（共食い状態）に陥っている。しかし、グーグルにしても「ウーバー」にしても、車の販売代理店よりもすでに車の利用者側にいる。日々の行動情報を把握している立場なのであるから強いのは当たり前のことである。

今、私達はシニアビジネスを推進している。シニアが元気に働き、快適な生活を送ることができ、世界に誇れるお手本となるような超高齢化社会の実現に向けて、創業以来の経験とノウハウを結集し、ビジネスを拡大させせようとしている。そのひとつに、シニアの交通安全というテーマがある。かつて大阪府の免許更新時講習案件を落札し、その後も京都府警で同様の案件を受託した経緯がある。一般免許保有者向け講習もあれば、企業の安全管理者向けの講習も引き受けている。これらの案件のおかげで私たちは交通社会の現場をよく理解し、精通することができた。その中で、日本の交通安全の課題は何といってもシニアの事故対策である。交通事故数自体は近年は減少しているが、高齢者の事故件数は相変わらず横ばいのままだ。相対的に見れば、増えているという見方もできるだろう。時々、メディアも高齢者の事故をニュースでことさら強調している。このような現象も重なり、世間の風潮は「高齢者になったら車の運転をやめるべき」となる。とにかく今の日本はメディアに振り回される。

日本人はもっとシニアの問題を深く考えるべきだ。地方の活性化やシニアの活躍を後押しする国や自治体の動きは歓迎したい。しかし、地方の現実の課題はほったらかしのままだ。このシニアの車の運転問題が最たるものである。地方において車は生活の足である。

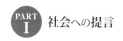

それはシニアも同様で、車がないと生活にとても困る。そんな現実を見ずして「運転をやめろ」という意見はあまりにも乱暴すぎる。もちろん、実際に運転能力が落ちて、すでに免許取得の基準に達していないシニアの運転は控えるべきである。しかし、このことにおいても、現実は免許更新の場でシビアに判定しているわけではない。結局、免許の更新は形式だけであり、解決すべき問題を曖昧なままにしている。

確かに都会であれば、自動運転は実現するだろう。しかし、それにどれほどのメリットがあるのか疑わしい。高速道路を運転するトラックならばメリットはとても大きい。しかし、地方の観光地を巡る高速バスの運転はそうはいかない。一般の若者のドライバーが自動運転を好むだろうか？　賛否は当然あるだろうが、地方のシニアの車の運転は自動運転の実現よりも解決すべき問題ではないか。

２０１６年６月21日の日本経済新聞にも『高齢者の運転、映像で点検』という記事が掲載された。これもＩＣＴを活用する記事だが、こういう使い方はとても良いと思う。シニアの方も客観的に自分の運転履歴、実績から判断してもらえば、仮に免許返上でも納得しやすい。

最後に、ベトナムなどの新興国での自動車社会もあわせて考えてみる。当然、これらの国に自動運転が普及するとしても20〜30年先だろう。いくら高層ビルが急ピッチで増えているとはいえ、足元の交通インフラは日本と比べても40〜50年は遅れている。しかし、バイクと自動車は街中に溢れかえっている。渋滞もひどい。もっとも大きな問題は日本の昔と同様の交通事故の多さだ。交通マナーなどはないに等しい。ベトナムでは免許はお金を出せば買えるという噂が絶えない国だ。ベトナム人の友人社長に交通安全教育のサービスを始めたいと話をした際も、彼らは口を揃えて「難しい」という。とはいえ、その難しいことをやってみたくなるのが性分だから仕方ない。免許取得のための学校も日本の自動車教習所のようなレベルでもない。行政が行う交通安全教育は未熟そのものだ。とはいえ、日本のそれがとても効果的だとも言いがたいが…。

私達は日本における経験を活かして、オンラインを使っての交通安全教室の準備を進めているところだ。これは、ベトナムに限らずアフリカなどでも役立てることを考えている。

提言 4

「通勤電車とスマホ」でICT社会の行く末を考える

私は時々、満員電車に乗る。しかし、最近は好んで乗ることはない。できるだけ避けたいものだが、お客様とのアポイント次第では、東京などでは避けて通れないこともある。

さすがに常に満員電車で通勤しているわけではないので、おしくらまんじゅう状態に遭遇することは年に1回あるかないか。それでも若いころのサラリーマン時代が蘇る。新入社員の頃、大阪の地下鉄御堂筋線の満員電車も凄かった。通勤していた数年間、よく耐えれたものだ。建設現場の現場監督になるつもりだった私には、この満員電車は青天の霹靂に近かった。

今、新興国を中心に海外と日本を往復していると、ことさら日本のビジネスパーソンは幸せなのだろうかと思う。日本で働く人の全員が通勤の満員電車で苦労しているわけではないが、外国人から見たら、日本という国はとても不思議な国に映るだろう。海外でも、日本の映像として駅員が電車に乗客を押し込む映像がよく使われている。日本すべてがそうではないが、この日本の印象は海外の人の脳裏に焼きつく。

そんなことを考えながらあるキーワードが浮かび、ふと、インターネットで『痛勤電車』とキーボードを打ってみた。検索すると色々と類するページが見つかる。

「電車痛勤あるある」

こんな本も見つかった。さっそく、購入してみようと思い、ほしいもののリストにも入れておいた。

30年近く働いていると、若い頃の『痛勤電車』と今の『痛勤電車』の様子が違うのがよくわかる。おしくらまんじゅう状態ではさすがに難しいが、それでも車内で周りを見渡すと、結構な人がスマホをいじっている。わずかな隙間で、メールを見たりS

ＮＳを操作したりと、とてもけなげにも思うし、切なくも思う。かくいう私も、急ぎの時はメールチェックはしてしまう。前出の書籍の表紙にも出ているが、海外から見た日本のイメージそのままだ。特に東南アジアなどは電車がまだまだ充実していない。あるいは、まだ電車すらない場所の人たちから見たら、日本の都会では一体何が起こっているのかは理解できないだろう。異次元の世界に映るのではないか。

満員電車にスマホは本当に異常な光景だ。日本がいくら狭いといっても、地方に行けば実感するが日本は実はとても広い。スペースなどいくらでもある。「なんでわざわざ満員電車の隙間なの？」と言いたくなる。昔は新聞をいくつにも折り込んで読んでいる人もいた。今にして思えばこれは微笑ましい光景だった。

今や多くの仕事がＡＩで入れ替わろうとしている時代だ。悲観することではなく、より人間らしい仕事に専念できると思えば、ＩＣＴ社会で暮らすのも必ずしもマイナスでない。

大切なのは、人間らしくあることに貪欲にそれを追求することだ。あと数年から十数年もすれば、この変化が現実味を帯びて多くの人々が実感するだろうし、恩恵を受けるだろう。

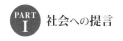

そんなときも、日本のこの『痛勤電車』は残っているのだろうか？　ビジネスには企業やテーマの大小ではなくイノベーションは欠かせない。特に生活の現場で不便を感じた際のちょっとしたアイデアなどさまざまなサービスや商品が生まれる。これが主婦目線や現場目線だ。これからはシニアの目線もとても重要になるだろう。つまり、アナログ的な場所が求められるのだ。例えば、『痛勤電車』のつらい空間をやわらげるためにスマホが貢献しているといえば、決して否定はできない。しかし、多くはスマホでゲームに興じている。しかも満員電車で、だ。首都圏の光景に慣れた人には違和感はないのであろうが、新興国から見たら驚きだ。トランジスタ・ラジオなどを生み出すミクロにこだわる日本人の特性といえば良いのだろうか？　こんな辛い限られた空間では何か改善しようにも限界がある。

２０１６年６月９日の日本経済新聞一面にこんな記事が掲載された。トヨタ自動車が総合職の在宅勤務を始めるという記事である。国の思惑と歩を合わせた記事だと解釈はしているし、この手のニュースは最近では珍しいことではない。ＡＩで置き換わる仕事の話に比べたら、単に働く場所が変わるだけのことだ。実際、オンラインというＩＣＴ環境のひとつを使えば、都会のオフィス内で皆が集まって仕事することと比較しても、できないことはほぼない。少し先進的な企業なら誰もが知っていることだろう。しかし、実行している企業は感覚的には全体の１％にも達していないのではないか。こういうものは流行に乗って、移行が本格的に始まれば速い。パソコンやスマホなどもそうであったように。

在宅勤務は世間ではテレワークと呼ばれるケースが多い。私達はオフィス外勤務という意味を含めてオンラインによるビジネスのひとつと捉えている。もっとも10年先ぐらいに当たり前になった時にはオンラインとわざわざ明示することもなくなるだろう。快適に働くぐらいの意味しかなくなるはずだ。

そこで、先ほどの『痛勤電車』のことと重ねて考えてみる。普通に考えれば、『痛勤電車』は自然的に消滅する。しかし、経済や行政の理屈ではそう簡単には事が進まない。まず、電鉄会社の反対が起こるだろう。収入源の大半が消えるのであるから。

当然、さまざまな利害関係者が既得権益を守るために抵抗するだろう。別に日本が特別な国なのではなく、世界中、洋の東西を問わず、一部の人は今の状態を守り、権益を維持したがるものだ。特に大企業はそのしがらみの中で身動きが取れないケースが多い。だからこそトヨタ自動車の記事はインパクトがある。

在宅やオフィス外勤務はどこよりも早く、私達も当たり前に実施している。お客様にも機会があるたびに提唱している。オフィスにいないとできない仕事は、日増しに減っている。『痛勤電車』でスマホに癒されている首都圏のビジネスパーソンを幸せにするには通勤から解放することがまずは必要だ。日本は、さまざまな技術やノウハウを海外に輸出しようとしている。官民連携での取り組みも増えてきた。交通インフラや新幹線、医療関係と日本の強みを世界に発揮して、現地の発展に貢献してほしい。「都市輸出 ― 都市ソリューションが拓く未来」という本もあるぐらい、スマートシティの輸出も期待が持てる分野でもあり、建築に関係している私達としても、ぜひ応援したいし、プロジェクトにも関わりたい。しかし、海外の人達が、日本の大都市の痛勤状態を知ったときに日本の都市機能を本当に取り入れたい、参考にしたいと思う

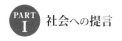

だろうか。

私達は東南アジアやインド、アフリカなどの新興国や途上国をエマージンググローバルエリア（ＥＧＡ）と名づけている。ＥＧＡでＩＣＴの活用や貢献が世界規模で課題だし、人間がメリットを享受できるチャンスが山のようにある。そこに日本人に貢献してほしいとの現地の人々の期待を受けて、日々活動しているが、日本の『痛勤電車』とスマホの光景を見るたびに、なんと不幸な国なんだ…と実感するし、空しいと思わざるを得ない。アフリカだとイメージはサバンナや砂漠。今やこんな場所でもスマホは使える。

日本がすでにスタンダードではなく、ＩＣＴの世界はＥＧＡでＩＣＴを十二分に活用できる状況にある。これらの国にはそれぞれの社会や生活があり、当然それに類するビジネスチャンスがある。日本人はＥＧＡで起こっている今を体験することが必要なのではないか。そうすれば、日本人も働くひとりひとりが変化を生み出すことができるように感じている。

提言 5

ＩＣＴと外国人で日本の寺院が変わる!?

２０１５年夏、知人の招待で和歌山県の高野山に初めて訪れた。高野山は２０１５年に、過去最高の年間約２００万人の観光客が押し寄せた日本一の宗教都市であり、空海が開創して１２００年の記念の年でもあった。外国人の観光客も多く、特にフランス人がたくさん訪れたという。同年の観光客のうち宿泊客は約44万人。外国人客は約５万６０００人にのぼる。奥の院には空海が眠るといわれ、厳粛な雰囲気を感じつつ、その日は寺の中にある宿坊に泊まった。

高野山滞在はわずか1泊2日であったが、その緊張感のある空気を感じながら神妙な気持ちで宿坊の部屋に入った。寺に泊まるのは子供の頃、合宿で訪れて以来だと記憶している。日頃の多忙と喧騒から離れ、非日常の空間で少しだけ癒しの時間を楽しもうと思っていた矢先、『Ｗｉｆｉが使えます』と書かれた壁の張り紙が目に飛び込んできた。一瞬、頭が混乱し疑問符が浮かぶ。

「ここでＷｉＦｉ？？？」

「一体誰が使うのだろうか？　外国人か？」

「それとも、超多忙な経営者か？」

それ以上はさすがに考えを巡らすのはやめた。しかし、率直に驚いた。少なくともこのような場所でスマホやパソコンは使わないことが暗黙のルールだと思っていた。そこに『ＷｉＦｉ使えます』という張り紙を見ると、先ほどの厳粛な空気がスッと引き、少し興ざめした記憶が今でも残っている。癒しを求めて、あるいは精神鍛錬のために寺に篭り、座禅を組む。そんな場所と考えていたので「ＷｉＦｉ」の文字に違和感をどうしても感じてしまう。

それから3カ月ぐらい経った頃、今度はお坊さんが檀家にお経をオンラインで提供しているという記事を目にした。その後、調べていくと仏教界の深刻な課題が見えてきた。本来、宗教法人は非課税だからビジネスをしているわけではない。檀家に対して、収入のほとんどは彼岸やお盆の檀家まわりによるお布施や法事、そして葬儀からが大半を占める。子供の頃から「坊主丸儲け」の言葉は私の世代の人ならば1度は聞いたことがあるだろう。

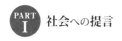

さすがに今は人口が減ってきているので、丸儲けはないだろうとは思ってはいたが、人口減に加えて、若い層のお寺離れも深刻なようだ。そのため何か策を講じなければならないと危機感を強める住職たちもいる。檀家をつなぎとめるためのさまざまな施策を検討し始める。このあたりは一般の企業と大差はない。しかし、残念ながら住職たちは企業でいう経営の経験が圧倒的に足りない。何から始めたらよいかわからない。そもそも、従来は企業経営と寺院経営は別物と扱われてきたという。最近になりようやくメスが入るようになった病院経営に近いものがあるかもしれない。

寺院をとりまく環境の変化もやはり急激なスピードで押し寄せている。例えば、今ではお坊さんを手配して派遣するサービスも増えてきている。他の寺の檀家であってもも受け付けてくれる。有名なところでは、アマゾンが「お坊さん便」というサービスを始めている。最近は、人手不足の折、数多くの業界で何でもかんでも人材派遣の様相があるが、さすがにお坊さんが全員人材派遣で食べていく時代は来ないとは思うが…。それにしてもなんとも寂しい話である。どんな業界にも先進的な人はいるようで、お坊さんがオンラインで檀家のためにお経を読んだり、お坊さんがオンラインで檀家の相談を受け付けたりする。こんなサービスがすでに広がり始めている。

今にして思えば、世界の高野山に「ＷｉＦｉ」は珍しいことではなかったのだろう。最近、私の親しいベトナム人の女性社長が京都府と兵庫県のお寺巡りをした時の様子を写真を見せながら話してくれた。金閣寺と比叡山延暦寺（京都府と滋賀県にまたがる）、そして兵庫県加東市にある念佛宗総本山の無量壽寺である。私自身が金閣寺しか行ったことがないと伝えると、「ぜひ、行った方が良い。こんな素晴らしいところはとても興味があるし、感動的だ」と逆に勧められてしまった。「紅葉の季節にゴルフもセットでツアーを組んでね」ともお願いされた。アジアの富裕層は、ある程度達成感ができると心の癒しを求め、新境地の悟りを求めて仏教への信仰心がさらに強くなると聞く。一方、今の日本人は仏教離れに歯止めが掛からない。アジアや世界は、仏教にますます強い関心を持ち、そして日本のお寺に訪れる。

今や通信により世界はどこでもつながる時代だ。英語でお経を読む坊さんもいるようだが、オンラインの仕組みを利用し、通訳も介して、ベトナム人などに日本語でお経を読むというサービスがすぐにでも生まれそうな予感がする。

それにしても、お坊さんの世界までもが人口減と人々の生活様式や嗜好の変化で、厳しい経営状態にあるということを改めて知った。お寺の経営にもＩＣＴを駆使した改革が必要な時期が迫っているのだろう。超アナログ的な世界の代名詞ともいえる寺院経営も変化が求められている。私達としてもこの分野においてお手伝いできるところは数多くあると思っている。

提言 6

個人情報は誰のもの？

約30年前、私が20代の頃はインターネットもなければ、携帯電話もなかった。この時代では、スマホやパソコンで買い物して、クレジットカードで決済なんてことですら、夢のような世界である。日本のように技術やＩＣＴが日進月歩な先進国で生活していると、知らない間にとんでもない巧妙な仕掛けや仕組みの中で生活していることに気づく。だが、専門家でない限りなかなかわからない。商売における個人情報の扱いもそのひとつだろう。

私たちが日常生活する中できっとこんな疑念を感じているだろう。

「どこかで自分の個人情報は漏れているのでは？」

「勝手に使われているのでは？」

うすうす人々が感じ始めたのはいつの頃からだろうか。実はICT活用以前の時代、30年ほど前でも実感できることが多々あった。私も20代で子供ができたとき経験した。子どもの誕生と同時に、タイムリーに赤ちゃん用品の会社からDMが届いたことを今でも鮮明に覚えている。七五三の年になるとまたまたタイムリーにDMが届く。めったにない葬式の直後でもしっかり届く。なるほど、社会の巧妙な仕組みをうすうす実感していたものだ。葬式の日に仏壇屋が営業に来るなんてのはよく聞く話。病院が怪しいよね…そんな話をよくしていたものだ。DMの専門家や商売する側でなければ、一般の人はなんとなく皆そうだからと流してしまうだろう。心なしか不安ではあったが、皆がそれほど気にも留めていなかった時代があった。

私はICTの仕事に30年近くかかわってきているので、今では情報の扱いに関してもそういう意味では専門家である。だから、身内や周りの人によく聞かれることがある。質問はインターネットにおける個人情報に関することが一番多い。インターネットに不慣れな人達がスマホやパソコンを使ってＥＣで買い物をする。最初の不安は自分の住所やプロフィールを画面に打ち込むことだ。会員登録してパスワードというパターンも多い。

「大丈夫なのか？　悪用されていない？」

そして、決済でクレジットカードの情報を入れるとなると不安がピークに達する。

「勝手に引き出しされない？　本当に大丈夫？」

私の場合、結構平気で利用している。しかし、絶対に安全だと確証があるわけではない。

専門的な仕組みやリスクもわかっている。そして犯罪は世の中に常にあるものということを理解もしている。だから、質問されたときも「たぶん大丈夫」と答える。そして、そういうセキュリティよりももっと大事なことを教えることにしている。それは、商売する側の個人情報の扱い方についてだ。

個人情報は漏れる可能性があることを前提に利用すると良いと話する。漏れるというのは、すべてが犯罪と言いたい訳ではない。合法的な流用などいくらでも巧妙な仕掛けがインターネットにはあちこちではびこっている。余計なお世話かもしれないが、商売する側の魂胆を懇切丁寧にアドバイスしていると言い換えてもよい。その結果、そんな危なっかしいもの絶対に使わないとの結論に至る人もいる。

私のアドバイスのよりどころのひとつは単純だ。専門家だからということもあるが、今まで自分が直接的な被害に遭ったことがないからである。そして、本当に危なそうなところは利用しない。随分前から外国にいても、結構クレジットカード決済で買い物したり、注文したりしてきたし、インターネットで個人情報を打ち込む頻度はとても多い方だと思う。だから、私は平均的な人よりは、感覚的に慣れすぎているともいえる。そう考えると、ＩＣＴに疎い人（世の中の大半がそうだと思うが）の心配や不安に思う感覚が実はまともなのかもしれない。

「個人情報は自分のものなのにどうして勝手に使われるの？」
「誰がそんなこと仕組んでいるの？」

こういう感覚なんだろうと思う。

大手通販会社や教育会社、あるいはクレジットカード会社の情報が漏洩した話は、メディアが今でもセンセーショナルに伝える。専門家ではなくても、一般の方々にも嫌が応にも伝播する。そして、そんな事件や事故が続くと、漏れていない情報はもはやないのではと勘ぐったりもする。不安がいっぱいの今の時代、一番漏れたくない情報のひとつはパスワードだろう。パスワードが見破られるとあらゆる個人情報が世界中に広まるリスクがある。米国有名女優の画像が流出した事件などは生々しいし、深刻だ。パスワードの使い方の指南はいくつもあるが、数が多くなると定期的に変更するのはとてもストレス。結局、せいぜい2つか3つということになる。指紋認証などさまざまな仕組みが進化しつつあるが、私は技術の進化の過渡期にある今が一番、利用者にとってストレスがたまる時代なのだと思っている。もう少し先の進化に期待したいと思う。

改めて、個人情報がなぜ洩れるかを考えてみる。単純に、それを使いたい企業や人がいるからだ。一般的には、企業ならば顧客にしたいからである。個人情報は企業からすれば、とても重要な顧客情報なのである。これも挙げだしたらきりがないが、顧客情報の取得方法は昔から巧みだ。わかりやすいところでいえば、アンケートだろう。昔は紙、この時はまだわかりやすかった。今はインターネット上のアンケートも多い。思わず余計なことに返答してしまう。仕組み的には相手の思惑でアンケート中に質問も増やせる。昔から学校の名簿や個人情報のリストは皆欲しがる。今やSNSを筆頭にいたるところでこれに近い情報は入手が可能だ。そして、個人情報は犯罪にも使われる可能性も常にある。結局は企業は商売のための顧客情報の取得が生命線なのだ。経営として考えれば、当たり前のことであり、新規顧客獲得のコストも相応に必要だ。だから、結果が確実に出やすい方法にはしる。常識の範囲で行う限りは、企業の思惑は昔とあまり変わっていないともいえる。

だが、ここ最近のＩＣＴ革命の急激な進展に隠れて、とんでもないことが進行している。

誰でもがよく使うインターネットのプラットフォームを提供する巨大企業は世界中の情報を一元的に獲得・蓄積しつつある。少なくとも、先進国のメジャーな企業が保有する個人情報などをすべて統合したら、例えば、日本国民の全情報は掌握できるだろう。ただ、幸か不幸か、企業は自分の会社だけが把握する情報は他社と共有したり、開示することはほぼない。自社の儲けのための経営資産だから当然である。

こんなシーンから考えてみよう。仮に朝起きて、スマホを使って、電車に乗って、どこかの百貨店で買い物する。夜は、彼氏とデートで食事。こんなシーンに関係する企業が情報連携すると、この彼女個人の日常生活のすべてが丸裸になるというとんでもない世界が実現する。それに加えて、日本中いたるところで防犯カメラ（監視カメラともいえる）が設置されている。これからは、映像もとても重要な個人情報になる時代だ。例えば、ＡＩを組み込んで、画像の判定を人間が行うのと近いように精密に自動的にできるようになると、心配は尽きることがない。とんでもないことはすでに実現可能なのだが、今は、テクノロジーの壁ではなく、企業間の競争の原理で歯止めがかかっているといえる。

もちろん、日本には個人情報保護法があり、コンプライアンスの観点でもCSRの観点でも企業は顧客の情報の扱いには責任を持たないといけない。それに加えて、顧客満足度中心の経営を掲げる企業は多い。しかし、実態は違う。個人情報を巧みに、コストを抑えて取得して、効率的に使い、いかに儲けるかが優先される。マーケットが縮小する日本では、企業の精鋭部隊はこれしか考えていないといっても過言ではない。インバウンドが急成長中だが、ここに対しても同じ発想であり、最近では政府が入国する外国人の情報データベースの構築にまで言及している。その結果、一体、誰がその情報の責任を取るのか?

そのうち、個人情報が勝手に使われている恐ろしい国が「日本」ということになりはしないか？　信用第一の日本にとっては深刻な問題でもある。

日本でも、そろそろ個人情報は個人が主体的、能動的に活用する時代になるだろう。これからは、銀行にお金を預けるように、第三者的な企業として個人情報バンクなるものができ、それを本人のみが、使って欲しい企業に能動的に提供する。そして、それを個人情報の所有者本人が消したいときは企業は必ず消さないといけない。

『個人情報は自分のもの』

このような仕組みやサービスがそろそろ日本でも生まれてくるのではと思う。

提言 7

人間らしく住まうスマートハウスの未来とは？

「スマートハウス」と聞くと、皆さんピンと来るだろうか？　ここまで、巷に『スマート』というキーワードが氾濫してくるとさすがに頭の中がチンプンカンプンになると思う。ハウスなので住宅のことだとイメージできる方もいるだろう。

「スマートハウス」の正体とはなにか？　デジタル大辞泉の解説を引用しよう。

〈情報技術を活用して家庭内のエネルギー機器や家電などをネットワーク化し、エネルギーの消費を最適に制御した住宅〉

また、「図解と事例でわかるスマートハウス」（翔泳社）には次のように説明がある。

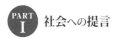

〈エネルギーを節約する（省エネ）・つくる（創エネ）・ためる（蓄エネ）機能を持った住宅〉

簡単に要約すると、第一義には住まいに関するエネルギーを節約すること。つまり、地球環境にやさしい住宅ということになる。少し専門的に説明するとＨＥＭＳ（Home Energy Manegement System）という住宅の中の電気の管制塔の役割をする装置がエネルギー関連の機器につながって電気の流れや消費をコントロールする機能を指す。日本の有力ハウスメーカーはこぞって各社各様のスマートハウスをすでに販売している。では、今現在、実際にスマートハウスを意識して住んでいる日本人がどれぐらいいるだろうか？　戸建てにしろマンションにしろ、それなりの住宅に住むことは一般的な日本人にとっては、人生の大きな目標のひとつである。そして、実際に30年以上は住み続けるだろうマイホームのエネルギーの効率化はコスト削減という意味では皆が気になるところではある。しかし、エコカーと同様に、平均的な日本人が積極的に地球環境を守ることを意識して、住宅を選択しているかといえば首を傾げたくなる。日本全体がまだまだ地球資源を無駄に浪費する先進国のひとつであるという事実から考えても、エコ推進派は少数と思われる。今は、ハウスメーカーなどの商売が先行し、目新しさや差別化要素として、快適な家づくりのために機能の一部として埋め込まれている。どちらかというと家を購入する人は特段エコを意識したわけではないが、スマートハウスに結果的に住んでいるという状況ではないか。

ここまでのスマートハウスの定義に従えば、ＩＣＴはあまり関係がない世界ともいえる。

ハウスメーカーやエネルギー業界などからの次の一手として始まったスマートハウスの出発点と、今世間でＩＣＴ関連で大流行の『スマート』とは随分意味が異なってくる。しかし現代に生きる私たちは、スマートハウスと聞くと、エコの概念よりも「ＩＣＴと連動した住宅なのだろう」と勝手に思ってしまう。スマートフォンに始まり、スマートシティ、スマートメーター、スマートヘルスケア、スマートアグリ、スマートシニアケア、スマートカー、スマートオフィス、スマート教育……などなど。これでは、そう思い込んでも無理はない。

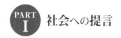

そんなスマートというキーワードで勘違いされやすいスマートハウスを昨今の潮流を鑑み、ＩＣＴの観点から考えてみたい。そのメリットとデメリット、そして人間が本当の意味で快適に暮らすことができる住まい創りとは何かを追求してみたい。さらに、それぞれの住まいがつながった新たなコミュニティの創造も含めて可能性を探りたい。

私自身はＩＣＴを活用したスマートハウスには住んではいないが、強いてスマート的というならば、家でもＷｉｆｉが普通に使えることだろうか。余談だが、私は出張先のホテルでも、やはり習慣としてＷｉｆｉが使えるかを真っ先に確認する。海外では特にそうだが、こういう習慣は時として接続がままならないこともありストレスを生みやすい。日本国内でも実情を書くと、以前よりは地方のホテルでも改善はみられるが、先進国日本としてはＷｉｆｉの普及率はまだまだ低い。これが外国人などから大変評判が悪い。

話をスマートハウスに戻そう。現時点で実際に実用化されているＩＣＴ関連のスマートハウスの要素を挙げてみる。

――スマホで外から自宅のペットの様子を見ることができる
――スマホで外から自宅の家電がコントロールできる
――訪問者に対してオートロックを居室から解除できる。そして遠隔地からでも制御できる
――どこからでも家の外と中を監視できる（防犯対策としてのセキュリティの範疇）

この他にも、掃除用ロボットもスマートハウスのひとつの要素になるだろう。ここにいずれAIを搭載すれば、話相手にもなったり、生活の知恵などのアドバイスも能動的にやり取りできる生活環境が実現するかもしれない。ところで、外出先から風呂のお湯を沸かすことなどもすでに実用化されているが、ここまでしなくてもと思うのは私だけだろうか…。

いずれにしても、こうやって書き出すと、結局今流行のあらゆるものをつなぐ「IoT」に絡んだ話になる。ICTに関して常に先進的な米国における「IoT」の世

界でとらえるスマートハウスは、日本よりもビジネス化の検討が相当進んでいるようだ。シニアが急増する日本は心理的抵抗感からアナログ的な国として見られているようで、日本では米国的スマートハウスの普及のハードルは高そうだとの米国の調査もあるようだ。

「ＩｏＴ」であらゆる外界とつながる可能性のあるマイホームを想像していただきたい。

こんな世界を皆さん歓迎するだろうか？　今は、何やらよくわからないものとつながることによるプライバシーの侵害などの面が先に気になり、シニアでなくても敬遠したくなる気持ちはよくわかる。

人間の基本的な生活基盤に欠かせない要素は「衣・食・住」である。アジアなどと比べて、日本における衣食住の満足度は高い。ただ、社会生活全体でストレスを常に感じ、特に職場や通勤の時などさまざまな活動で『疲れる国』であるのは間違いない。だからこそ、健康産業が活況を呈し、ストレス解消、発散のためのスポーツやグリーンツーリズムなどが求められる。日本人は、一方では疲れる社会を進化させ、一方ではそれを癒す活動に一生懸命に努力する。世界から見ると、とても不思議な国民だろう。このマッチポンプはどう考えても不自然なのである。

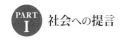

人間が生活する中で一番多くの時間を過ごす場所はどこかと考えると、それは職場か家になる。今の日本の職場はストレスが溜まる場所である。今後のＩＣＴ社会の進展を考えると、ここしばらくはそれはエスカレートするだろう。すでに述べたが、ＩＣＴ社会の浸透は癒しと安らぎを与えてくれる家の中まで波及してくる。少なくとも、身近な生活の周辺にはＩＣＴがとんどん浸透し始めている。だからこそ、これからの家に求められるのは、そんなＩＣＴ社会のストレスから開放された空間であるべきなのではないか。

実際に建築ビジネスにかかわるひとりとしても提唱したいことがある。それは、生活する人間が家にいてもほとんどＩＣＴを意識しない自然の住まい創りを実現していくことだ。壁の中や床の下など見えない所では、ＩＣＴはふんだんに使われていてよい。しかし、住んでいる人間はそれをまったく意識しない。スイッチなどは存在しない方がよい。人間の音声だけでＯＮ・ＯＦＦが操作できる。そんな住まいをデザインして世の中に広めていきたい。そして、今の日本社会や海外のさまざまな課題を解決する住まい創りを目指したい。

ところで、私自身、ＩＣＴをまったく意識することのない家のポイントは部屋と壁の活用だと思っている。今の日本の課題に照らして考えてみよう。在宅勤務が進みそうだが、在宅勤務をする場所の確保はこれからの大きな課題となるだろう。そもそも、職場が本来はリラックスできる自宅と融合するわけである。したがって、気分的な切り替えができなくてかえってストレスが増幅するのではないかと危惧される。また、従来の住宅は、仕事をするのに最適な設計にはなっていない。大抵の場合、すでにあるどこかの部屋の机にパソコンを置くだけだ。今後は、人が生活する空間内に、特別に働く部屋を別に作るというデザインや機能設計が必要になってくるだろう。建築士もＩＣＴや職場環境のあり方を勉強しなくてはならない時代なのである。

シニアや障がい者の住まいも進化が期待できる。シニアのひとり暮らしというと、見守りの部分でスマート化はすでに進行している。先に説明したＨＥＭＳは電気メーターからシニアが無事に生活しているかの判断をしたり、いざという時の通報などさまざまな工夫が凝らされている。これはＩＣＴの有益な使い方のひとつだろう。ここにＡＩカメラ搭載ロボットを活用する研究も盛んに行われている。これも実用化は近いだろう。ひとり暮らしでも安心安全に、そして豊かな生活を送るため、ＩＣＴを存分に活用して必要な人とコミュニケーションが自由自在にできる時代はそう遠くない。また、在宅医療、看護にしても、法律の改定が進みつつあるが、医者がオンラインでいつでも診断できるというサービスも実現して欲しい。

また、海外進出が増えてくると単身赴任者も多くなる。家族との団らんの場の居間をオンラインでつなぎ、共有することも可能だ。しかし、パソコンなどでつなぐといかにも機械的。少なくとも普通の住宅の自然の壁に相手方の部屋がつながって見えるとどうだろうか？　いわばスクリーン埋め込み型の壁で空間を共有する感覚がとても理想的だ。パソコンに映った画面ではしっくりこない。これはさまざまな場面でも応用可能だ。シニアに限らずひとり暮らしであっても、気の合う仲間同士が空間を共有できる。田舎のシニアが都会の孫の部屋と空間を共有できるだろう。生活に有益な情報を自然な形で伝えることもできる。

スマートハウスは先進国だけとは限らない。アジアなどの低所得者層の住まいにもスマートハウス化は十分考えられる。タイムリーに生活情報を提供するだけでも現地の行政などのメリットは多い。

私が将来理想とするスマートハウスはこんな光景をイメージしている。

〈田舎で自然に囲まれた木造住宅でパソコンのキーボードなどを触ることもなければ、スマホもいじらない。必要に応じて仕事がしたければ、仕事部屋に入っておもむろに空間に話しかける。そうすると壁に呼び出した相手が登場する。家にはすでにＡＩが搭載されていて、さまざまな生活データから健康管理のケアもしてくれる。１週間の食事の履歴からバランスも考え、食事の献立も考えてくれる。目覚まし時計で苦労して起きている人にとっては、寝ている間に温度調整など巧みに行い、自然に目覚める生活環境を創りだす〉

こんなことも夢物語ではなく、実現可能だと思っている。

人間がより快適によりリラックスできる空間創りこそが大切である。つまり人間主体で考えていけば、進化し続けるＩＣＴが使える部分は無限にあるかもしれない。無理にＩＣＴを意識せず、人間らしい生活を実現できる。これこそ、真のＩＣＴ連動スマートハウスの理想形である。人生で一番時間を過ごす場所だけに、本当の意味でのスマートな住まい創りの可能性を考えると、楽しくて仕方ない。

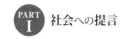

提言8

ICT革命で人間はどうなるのか？

今、世間を騒がせているICT革命はとても気がかりである。「IOT」「データマイニング」「スマートシティ」「センサー」などの言葉があちこちで飛び交う。専門家でもわかりやすく説明できる人は少ないのではないか。いわゆるバズワード（ICT業界でよく見る流行語。定義や意味が曖昧な用語）の類であるから仕方のない部分もあるが、その中でも『AI』に関しては、今後の人間の生活や仕事そのものに最も影響することは間違いない。

AIに関する書籍や記事が急激に増えてきている。それだけ、AIの実用化が現実のものとなりつつあるともいえるが、一方で騒ぎ過ぎという感も否めない。ICT業界や新たにICTでひと儲けしようと考える人たちがビジネスチャンスとばかりに必要以上に騒ぎ立てているようにも感じる。なぜなら、ＩＣＴ業界は随分前からその手口でビジネスを拡大してきたからだ。「ＩＴ」と呼ぶようになった十数年前から同じ手法を繰り返している。今までは、企業経営者や専門家の関心の範囲内であったが、これからは、一般の生活者、しかもアフリカなどの新興国などにおいても生活に密着したテクノロジーになりつつある。

私もこのテーマに関して気になる書籍などはできるだけ目を通すようにしているが、次の本は、なかなか示唆に富んでいて面白かった。

「ＡＩ時代の勝者と敗者」（日経ＢＰ社・２０１６年６月）

なかなか、好奇心を掻き立てるタイトルではないか。センセーショナルなタイトルに思わず食指が動いた。本書は４００頁のボリュームで、その内容は専門用語と数多くの外国人の登場人物で、一般の人にはとても読みづらい。私も途中で断念しかけたが、宝探しの心境でなんとか読破した。そんな難解な本書はなぜか引き込まれる。読み終えての率直な感想は「大いに賛同できる結論であった」だ。

私は、平均的な経営者よりもアジアやアフリカに触れることが多い。言うまでもなく、日本のような先進国に比べると、生活水準は低いし、不便で、不衛生。初めて接した瞬間、私もさすがに敬遠したくなることもある。しかし、しばらくすると子供の頃の原体験が体の芯から蘇ってくる。なぜか、ワクワクするのだ。そして、貧しくても現地で懸命に生き、目を輝かせている子供たちを見ると、生きる力とは何かを感じさせてくれる。

一方、こういう場所でもすでにICTは浸透しつつある。携帯電話やスマートフォンに始まり、インターネットを利用したタクシーの配車システムも登場している。不便の中で生活していることこそがイノベーションの原動力となる。

私は、先進国日本を中心にICT活用の仕事に約30年間携わってきた。中国、韓国、台湾やベトナムなどの新興国のICTの浸透の現場を見始めて約20年だ。日本とこれらの国々を常にさまざまな角度から比較してきた。そして、ここ数年は新興国と日本のＩＣＴの活用の違いはどこにあるのかを考え続けてきた。ひとつ言えることは、人間らしさを失いつつあるのが先進国日本であるのは間違いない。確かに、科学技術の進化やＩＣＴの進化の恩恵は、今の日本の豊かな生活環境を眺めれば子供でも理解できる。確かに便利になった。仕事も効率的になった部分は多い。ＩＣＴをベースとしたサービスはこの10年で数多く誕生した。

しかし、日本は超ストレス社会でもある。しかも、日増しにエスカレートしている。通勤時間帯に東京の品川駅に新幹線から降りると、通勤ラッシュの群衆に飲み込まれる。アジア慣れした私には、失礼ながら不幸せそうな背中の隊列にしか思えない。日本の地方にも頻繁に出向くが、そちらは東京に比べれば不便だ。しかし、幸福度は都会よりも田舎が間違いなく高い。

ＡＩが話題になるにつれ、数十年後に多くの仕事が消えると言われている。私もこれには同意だ。ただ、歴史の変遷を改めて俯瞰すれば、約２００年前の産業革命以来、多くの職業が消え、それに匹敵する新たな職業が生まれている。これは産業の新陳代謝ともいえるだろう。歴史から学べば、今回のＡＩ革命も延長線上に捉えることができるという見方もあるだろう。しかし、今回の革命は少し様相が異なるのではないかと考えている。過去の産業革命との大きな違いは、知的活動や知的労働にＡＩが置き換わると言われている点だ。単純な機械化や自動化の話では済まない。前出の書籍の論点の軸もここにあると私は理解した。私も常々考えてきたことでもあり、最後まで諦めずに読み終えてよかったと思った次第である。

現状、ＩＣＴビジネスの功罪はそれぞれ等しく光と影を社会と経済にもたらしている。企業経営における業務改善や基幹業務の自動化などには確かに貢献はしている。しかし、20年以上前から言われ続けてきた企業の付加価値創造や新事業創出という意味では、いまだに突出した社会貢献型の企業は生まれていない。従来の科学技術の分野はイノベーションの連続だったが、ＩＣＴに限っていうと、一見、社会生活に役立っているようで、問題を増殖させているともいえる。顕著な例が、ＥＣであり、オンラインゲームの類であろう。この２つを同列にするのはおかしい、と思われる方も多いだろう。しかし、便利で「配送料なし」のＥＣにはしりすぎて運送業者の過当競争を引き起こし、結局は「誰が荷物を運ぶのか？」という究極の課題を解決できないままでいる。言い方を換えれば、最初からわかりきっている根本的な問題に誰も直視しようとしない。そこへ、ドローンを使って宅配しようという発想が生まれ始めている。国土が果てしなく広い米国やロシアならば検討の余地もあるが、こんな狭い日本の国土でなぜそのような発想になるのか理解に苦しむ。ドローンにモノを運んでもらって幸せになるのは誰なのか？　もっと人間的に、知的に、創造的に、物事を考えられないものだろうか。

ゲームに関しては、私はすでにあらゆる場面でメッセージを発信し続けている。この分野こそ、罪の方が多いのは明らかだ。そんな中、「ポケモンGO」のニュースが世間を駆け巡った。確かにそんなゲームに癒されている人もいるだろう。だが、政府まで巻き込み、トラブル対策に躍起になるなど開いた口が塞がらない。会社を創業した20年前から「ワクチンゲーム」をいつか開発したいと思っている。ゲームをなくすことができないのであれば、人間の成長（大人も子供もという意味）に悪影響を及ぼすゲームをしなくなる、もしくは地球の未来のことを自然と考えることのできるゲームを開発したいと今でも考えている。

本論に戻るが、前出の書籍は「スマートマシン」という表現でＡＩとＡＩに関連するＩＣＴのことを表現している。ここにはロボットも含まれている。この本を読まずともわかっていただけると思うが、勝者は言うまでもなく人間である。敗者は誰もいない。この本のどこにもそうは書いていないが、私の読み終わっての感想だ。

――ＡＩが人を使うようになる
――人間はＡＩに勝てない

これは一部で正解である。今の日本のワークスタイルと労働者のスキルをベースに考えると特定分野で人間はＡＩに負けると思う。近い将来、本当にスマートマシンと共存して仕事をするのが当たり前になった時、人間は努力して成長していくことが求められる。先ほども触れたが、アフリカやアジアで生活している人には、良い意味でも悪い意味でも「人間らしさ」を強く感じる。生きるのに必死なのだから当然だろう。

一方、日本人は生きるということとどのように向き合っているのだろうか？　生きること自体は容易い社会である。ゆえに恵まれすぎて茹でガエルになっているのではないか。正直、どうでもよいと思えることに悩み、ストレスを抱える。このまま日本人が、ＡＩに支配されないように人間らしさを強くしようと思っても一部の人以外は無理な話だと感じる。

日本の将来の課題は、新興国などから学び、学習する努力を続けながら、いかに人間が主役として、より一層人間らしい生活をするために、ＡＩをどう活用し、どう共存するかという点に集約されている。ならば、子供の頃からこのような教育や訓練が必要になるだろう。子供にプログラミングが必須な時代が来ているという。論理的思考の人間を育てることが無意味だとは思わない。しかし、ＡＩが当たり前の時代を見据えて、大切なのは右脳の方ではないか？　そちらの教育の方がＡＩ時代に人間らしく生きる上でより大切だと思っているのは私だけではないだろう。

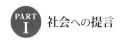

提言 9

ウェブカメラが親子の『想い』をつなぐ

農業ビジネスの関係でベトナムのゲアン省とラムドン省を訪問した。それぞれで現地のパートナーの依頼で農業ビジネスを推進している。この2つの場所は距離も離れているし、特別な関連性があるわけではない。たまたま続けて訪問しただけではあるが、今回の訪問で中々面白い発見があった。

この2つの地域について知らない人も多いだろう。それぞれの特徴を簡単に紹介したい。ホーチミンからラムドン省の中心都市ダラットまでは飛行機で約45分程である。ダラットといえば、ベトナムの中でも日本人には比較的知られている地方都市である。フランス植民地時代の面影を残した街並みはベトナムの中でも異色な存在だ。日本でいえば軽井沢のような位置づけであろうか。高地にあるため年間を通して気候が20度前後ととても快適であり、世界的な観光地としてとても有名だ。湖畔のゴルフ場は綺麗な風景を楽しみながらプレーができる。また、ダラットにはもうひとつの顔がある。知る人ぞ知るベトナム農業のメッカでもある。野菜や果物、花や菊の産地としても有名であり、市場を歩くとありとあらゆる日本人にもなじみの深い野菜が並んでいる。ほとんど日本では知られていないが、ほうれん草、サツマイモ、人参などが加工品として数多く日本にも輸出されている。ダラット市内の農業地帯の風景はビニールハウスがところ狭しと見渡す限り並んでいて、初めてこの光景を目にすると、観光名所としての美しさと農村地帯のコンストラストがとても印象に残る街である。ベトナム通の日本人が「ベトナム南部の農業＝ダラット」というほどすでに多くの日本人もダラットで農業ビジネスを展開している。

一方、ゲアン省はハノイから飛行機で約30分のところにある。車でも数時間の距離である。私は今回、ホーチミンからのフライトだったので2時間近くかかった。ゲアン省は64省の中でも最大の面積であり、省の人口も３００万人を超えている。ビン市が中心の街であり、人口は約40万人に達する。メコンデルタの中心都市カントーなどと比べても地方都市の印象は拭えないが、主要道路は広く整然としていて、ゆったりとした大人の街という印象の場所である。そして、これから急速に本格的な開発が始まりそうな気配を感じる。日本の多くの関係者が、ゲアン省はベトナムの縮図と形容しているように、ベトナムのすべての特徴を凝縮した多様性のある場所である。色々と現地の人にも話を聞いていると、確かにベトナムのすべての要素が揃っていそうだ。今回の訪問で、何よりも私にとって予想外だったのが、とても美しいビーチを見つけたことである。空港から車で10分程度のところにとても美しい素朴なシーサイドのリゾート地があり、ゴルフ場もすぐ近くにある。観光地としてのポテンシャルの高さを実感する。ラオスと隣接するゲアン省の西部は山岳地帯となっていて少数民族も住んでいる。海岸近くのビン市と西部の山岳地帯の間には、適度な高地もあり、観光地として急ピッチに開発が進んでいる。海があり、山があり、清流の渓谷あり・・・まさに多様性に富んだ日本でいえば、兵庫県に近いイメージだろうか。まだまだ、ゲアンを知る日本人はほとんどいないが、農業ビジネスのポテンシャルはとても高い。

ゲアン省はハノイ、ラムドン省はホーチミンとそれぞれ近くに巨大マーケットがある有望な農業地としての共通点がある。いずれもベトナム農業の未来を担う中心地として期待されている。このふたつの地域はＪＩＣＡも支援に力を入れている。特にまだ日本にはまったく未知であるゲアンは日本人や日本企業の進出が期待されている。私もベトナムで活動を始めてそろそろ20年近くになるが、まだまだ知らない場所だらけである。考えてみれば、ベトナムは日本と同じように小さい国土とはいえ、地方を巡り、地方から国全体を見渡すととても広い。都市部と田舎のギャップ感が余計にそれを感じさせる。

日本で昔、大流行した「いい日旅立ち」ではないが、ベトナムも日本も同じように、地方は近いようで遠い。特にベトナムは日本の様に電車などの交通機関が発達していない分、ホーチミンやハノイの都市部から田舎までの距離はとても遠く感じる。思わず「いい日旅立ち」を口ずさみながら旅に出たい気分になる。

ベトナムは日本に比べ、都市と田舎のギャップがとても大きい。そしてそんな田舎の未知の世界は訪れるたびに色々な発見に遭遇する。日本は四季があり、多様性の国で地方ごとに特色があることは日本人だけでなく海外の人にも有名だ。それに比べるとベトナムはただ暑いだけの国と思われていてる。ところが、意外に思うかもしれないが、ベトナムにも実は多様性がかなりある。冒頭で紹介したダラットを初めて訪れた日本人はその街の美しさと気候の快適さに驚く。私は10年以上前から何回も訪問しているが、ベトナムで一番快適な高地であろうことは間違いない。ゲアンでも驚くことが多い。すでに述べたが、一番驚いたのはシーサイドリゾートビジネスにおける無限の可能性だ。今や日本人にとって有名な観光地のひとつとして知られるダナンの10年以上前に似ている。まだ、成長途上だがとても美しい海岸線は将来の発展を予感させるのに十分すぎる。ちなみにダナンはリゾート開発が急速に進み発展が著しいが、10年以上前はとても静かで人もまばらだったことを懐かしく思い出す。ゲアン省に隣接する省にも美しいリゾート地が開発中で、この一帯はベトナム北部のリゾート地として劇的に発展すると思われる。

今回のダラットの訪問は仕事の都合で日帰りになったが、ベトナム人パートナーの実家に招待された。実はその時の出来事が何よりも感動的であり、驚きの連続であった。ベトナム人パートナーの実家は大家族だ。皆と一緒に昼食をごちそうになった。べトナムの田舎に来ると私の子供時代である日本の原風景を思い出す。皆親切で温かいし、贅沢なおもてなしもある。とても食べきれないほどのご馳走に懐かしさを感じる。好意に応えるべく、できるだけ頑張って食べたが、さすがにギブアップ。おかわりを次から次へと勧めてくる。これが田舎の温かさなのだ。

パートナーは9人兄弟の末っ子で32歳。お父さんは72歳。食事を一緒にした長男は52歳。この年齢差にも驚く。部屋には大家族の集合写真が飾っている。お父さんの家族は40人ほどいるとその時聞かされた。末っ子の彼は早朝に会った時から好青年で気配りは素晴らしい。彼は大都会のホーチミンに住み、ハノイでビジネスをしている。

ダイニングで食事をしていると天井近くに設置されているウェブカメラがふと目に入った。伝統を感じる田舎の家にウェブカメラの存在はなんとも違和感があった。思わず「何のためか?」と問うてみる。彼は笑顔で次のように答えた。

「家族とのコミュニケーションのためです」

聞けば、毎日オンラインで家族と顔をあわせて一家だんらんを楽しんでいるという。タブレットに映る部屋の様子を嬉しそうに見せてくれた。驚いたと同時にわが意を得たりと心が躍り、私まで嬉しくなった。かねてからこのような使い方こそＩＣＴの本当に意味のある使い方だと、さまざまなシーンで説いてきた。この若者の彼が家族を想い、最先端のウェブカメラを利用して、コミュニケーションを大切にしている姿を目の当たりにして、久しぶりによい刺激を受けた。日本の昔でいえば、東京オリンピックの頃、テレビが登場した時のようなインパクトがこの田舎にもたらされるかもしれない。近所の人も真似するだろう…と期待する。この村全体がそうなる様子を想像するだけでワクワクしてくる。

帰りには、家族総出で裏山から柿などの果物をお土産にたくさんいただいた。そんな中でも、親御さんやお姉さんが都会に戻る息子さんには特別なものをいくつも詰込んでいた。息子さんの荷物には名前も書いていた。どこの国でも親が子供を想う気持ち、子供が親を想う気持ちは同じだ。これは日本人が失いつつある心情ではないか。親や家族を想う強い気持ちから、自然とウェブカメラというアイディアが浮かんだのだろう。日本の地方とベトナムの地方がつながることはお互いの国にとって大きな意味を持つ。しかし、お互いの国はあまりにも遠い。

ウェブカメラがすでにベトナムの田舎町で家族のコミュニケーションに利用されている。今回の発見はとても大きいものがあった。

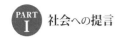

PART Ⅱ

企業経営への提言

提言10

オンラインでつながるとイノベーションが生まれる

省庁の地方分散化の一環で消費者庁が徳島県への移転のためのテストを行っていたというニュースを見た。ＩＣＴ企業が相次いでサテライトオフィスを開設し、話題となった徳島県神山町と東京の消費者庁を結び、テレビ会議で長官が記者のインタビューに答えるなどのシーンがニュースで流れ、「いまひとつ利便性が確認できなかった」「少し使いづらい」「セキュリティが心配だ」などのコメントが添えられていた。また、長官自身が各メディアの取材に対し、項目ごとに課題を挙げ、「有用性に限界を感じた点もある」と感想を述べている。このニュースを見て、改めてメディアの体質を痛感した。より利便性を高めるための議論や他の利用シーンにおけるテレビ会議の有用性をなぜ伝えないのか不思議でならなかった。そんな課題や不満はどんな技術やサービスの初期段階においても当たり前のように生じる。国は本気でテレワークの普及を推進する気があるのか、と訝りたくなる。

私達は創業以来、「アナログが主役でＩＣＴはアナログをサポートする」というスタンスで、ビジネス活動を推進している。ひたすらＩＣＴが企業や社会活動、一般の人々に有効に使われることを目指してきた。２０１５年に上梓した「ＩＣＴとアナログ力を駆使して中小企業が変革する」（カナリアコミュニケーションズ）に詳しくまとめたが、ＩＣＴの仕組みの中で私が特に可能性を感じているのが『テレビ会議』である。テレビ会議というのは、今の世間での言い方に倣うとそうなるだろう。要はインターネットなどの通信回線を使って、テレビで会議を行うからそう呼んでいるだけに過ぎない。従来、このテレビ会議は主にビジネスシーンにおいて利用されてきた。しかし、オンラインで複数拠点がつながると無限の可能性が広がることは誰でも理解できると思う。私達はインターネットで顔を見ながらコミュニケーションを行う仕組みでビジネスを進めることを「オンラインビジネス」と定義している。ＥＣなどのインターネット通販とは別物である。

例えば、私達が徳島県から委託を受けて行ってきたサテライトオフィス事業では、このオンラインビジネスでビジネス活動を行っている。ひとつは「吉野川に生きる会」(徳島県鴨島町)と連携したサテライトオフィスである巡礼の駅から講師が話してセミナーを行うことである。東京や大阪の会場をオンラインでつないでシニアビジネスセミナーを開催し、代表理事の島勝氏に講演をしていただいた。徳島県にいながら、東京のセミナー会場に集まった150人近くの聴衆に対して講演をしたのである。セミナーは講師が聴講者と同じ場所で話をする方が、感動も伝わるし、講師との交流もできる。リアルな場を共有できることが大切であるのは間違いないし、当たり前であろう。しかし一方で、いままでつながることのなかった(できなかった)場所がつながり、新たな出会いが生まれる。そのことに政府も企業も目を向けるべきではないか。これが、新たなイノベーションの起爆剤になりえると私自身は確信している。

地方は特に東京などの都市部との情報格差が課題とされてきたが、このオンラインビジネスを上手に使えば、かなりの部分で解消される。今まで接点がなかった人たちのつながりができるとさまざまな発想が生まれたり、従来では想像もできなかった新たなビジネスが生まれたりする。

私達が運営する徳島県のもうひとつのサテライトオフィスが那賀郡木頭にある。秋には見事な紅葉に包まれる小さな山村である。先日、この山村の企業（食品加工会社・きとうむら）とベトナムをオンラインでつなげ、商談会を開催した。この様子は地元の徳島新聞にも取り上げられ話題となった。ICTの専門家の方々からすれば、なんてことのないニュースかもしれない。しかし、ICTに縁遠い、特に過疎の村である木頭からベトナム現地への商談会は多くの人に刺激を与えた。

約20年前からベトナムに進出している私達からすれば、オンラインで現地と日本をつなぎ、ビジネスをするのは当たり前のことである。オンラインで海外をつないだセミナーは延べ100回以上も開催している。例えば、私達が2016年に開催した「アジア食ビジネスチャンスセミナー」ではホーチミン、東京、大阪の会場をつなぎ、私は東京会場で講演を行った。カンボジアで農業ビジネスをしている阿古氏は大阪会場で講演を行い、タイでオーガニック農業ビジネスを展開する大賀氏はタイの農場からスマホを使って講演を行ったのだ。こんなことを普通に行っている。

もうひとつはベトナム南部の地方都市であるカントーで行われた越日ビジネス・文化交流イベントである。カントーは120万人を擁する都市でありながら、日本人の存在はほぼ皆無だ。しかし、日本とのビジネス連携を望む声は多く、交流イベントを2015年11月に現地の商工会議所などと協力して3日間開催した。そのメインイベントとして越日観光大使を選ぶための「美少女コンテスト」が開催された。このコンテストの最中、当社の東京オフィスのセミナールームがオンラインでつなぎ、ステージに大きく映し出された。会場の熱気を日本でも共有することができた次第だ。

これはオンライン利用のほんの一例に過ぎないが、今までの感覚では考えられないようなつながりが生まれ、コミュニケーションができ、そこで新たな企画やビジネスが生まれる。

これからは、顔が見えないインターネット上でのコミュニケーションではなく、顔が見えるコミュニケーションの時代へと急速に移行するのは間違いないだろう。私達は今後も想定外のオンラインの活用法を提唱していきたいと考えている。それが、人々の生活を便利に豊かにするものであれば嬉しい限りだ。

提言11

イノベーションの源は「失敗から学ぶ力」にある

30年前、私が社会に入る頃は働く人生は約40年の感覚であった。2015年末に「もし波平が77歳だったら?」(カナリアコミュニケーションズ)を上梓したが、今や社会人1年生から見たらこれからの仕事人生は、最低でも50～60年になりつつある。こんな話を聞いても、すでに驚くほどでもない。実際に生涯現役を目指して活躍されているシニアが増えてきた。

ICTの劇的な進化やグローバル化の中で、日本国内外問わず働く環境は大きく変化し続けている。日本は、少子化・高齢化が進行し、先行き不透明感が日増しに拡大し、不安を増大させている。地球環境や生活環境などに影響される経営環境が激変すれば、当然、企業も変化に適応せざるを得ない。かつてのように大企業に入れば安心・

安泰という考え方は通用しない。昨今の日本の電気メーカーの凋落ぶりにはショックさえ感じる。しかし、感傷に浸っている場合ではない。なぜ、こんなことが起こっているかを知っておくことの方がよほど大切である。本質を見つめることが重要であり、そのような訓練を繰り返し、若くしても変化の察知力を身につけていきたい。

企業の寿命はひと昔前は30年と言われた。現代はもっと短くなっている。もちろん社歴100年を超える企業もある。日本の場合、いわゆる老舗企業が世界で最も多い国だ。しかし、「社歴が長い」「企業の規模が大きい」という理由が企業の安定に直結するかといえばノーである。重要なのは変化に適応できるかどうかという点だ。今の時代、新人で入社し、定年まで同じ会社で働き続ける確率はとても低いだろう。最低でも人生は二毛作・三毛作の時代である。

私は今、70歳を超えてもなお現役で活躍し続けるシニアと接することがとても多い。社会の変革や人に役立つビジネスの構築において大活躍されているシニアの方々とお話しすると、なんとパワフルなのかと驚く。それと同時に「日本もまだまだやれる!」と心強く感じる。ところが、そんなシニアの方々が今の日本に一番危機感を感じて心配している。

子供時代に戦後を体験し、高度経済成長胎動の時期から日本の激変を肌で感じているシニアにとって、今の日本の中年族の現状はぬるま湯に思えてならないという。思わず喝を入れたいとも漏らす。深く接していると体の奥底にその時代の魂や活力がみなぎっているのをヒシヒシと感じる。現役引退して悠々自適に人生を過ごす気にはとてもなれないと言わんばかりの方々ばかりだ。世界は日本の経済成長を「奇跡」と呼ぶ。戦後の荒廃から短期間で世界トップクラスの成長を遂げたからだ。そんな困難な状態から立ちあがってきた不屈の精神に尊敬の眼差しを向ける。

国が豊かになる過程で、国全体が安全運転と安定志向に進むのはやむを得ないところはある。失敗経験を活かし続けるとやがて『成功の法則』しか必要がなくなる。日本はそういう状況に陥っている。安全な社会で育ってきたがゆえに、今の若い世代はリスクテイクできる人は極めて少ない。失敗を許さない環境で育ったから致し方ない。しかしながら、すでに日本を取り巻く世界の環境は激変している。かつて、日本は数多くの失敗をし、小さなイノベーションを積み上げながら、品質改善やサービス力を向上してきた。トヨタに代表される「カイゼン」のエッセンスは世界ですでに広く浸透している。繰り返すが、失敗を繰り返し、そのたびに試行錯誤、血の滲むような努力の結果で今に至った。イノベーションとは必ずしも発明ではない。技術革新ばかりを指すものではない。すでにあるものをつないだり、改良したり、適応させることこそ、イノベーションの本質だ。

日本の将来には課題が山積している。高齢化や少子化、企業でいえば、海外市場の開拓なども挙げられる。日本人が果敢に挑戦し、自らがイノベーションをリードしなければ、切り拓けない環境にある。しかしながら、今の大企業の経営者は失敗が許されない。成功の道ばかり探す。そして、安全運転の範囲で陣頭指揮をする。もちろん、新規事業の創造にもトライはするが、狙う単位が大きすぎる。それが時にM＆Aだったりする。ビジネスパーソン個人での失敗経験とはかけ離れた次元だ。それにつられて、企業内の社員教育どころか学校教育も失敗をしない方向に走り出す。確実に失敗をしない方法は「何もしないこと」である。しかし、それは次のステージへの道を閉ざすことでもある。

失敗学で有名な畑村洋太郎氏の「失敗学のすすめ」を読むと失敗の大切さを実感できる。本来は小さなことを継続的に試行錯誤し続けるなかで、イノベーションは生まれるのである。今の若者が歩むこれからの数十年は変化の連続が待ち受ける。何歳になっても、失敗を恐れず、チャレンジし続ける。生涯現役で失敗を恐れずチャレンジする。日本にはまだこのような思考のシニアが数多く存在する。

これからの若者は、若いうちに失敗から学ぶ力を身につけてもらいたい。それには忍耐力やストレス耐性も不可欠になる。そこはやはり百戦錬磨のシニアに教えてもらおう。「年寄りの小言」も「いずれ歩む道」と思えば我慢もできる。シニアが若者を鍛える時代がしばらく必要だ。

提言 12

海外ビジネスを円滑に行うためのＩＣＴ活用のコツ

ここ2～3年の間で、日本の企業は大も中も小も一斉に海外進出に向けて動き出してきた感がある。私達は、創業時から海外でビジネス活動を行ってきた。そして同時に、ＩＣＴサービスを企業に提供する会社として活動を始めたので、「海外ビジネスをすること＝ＩＣＴを上手に使うこと」にはどこよりも先んじて、自然体で取り組んできたと思う。

進出当時のことを思い起こせば、中国でも韓国でも台湾でも現地の経営者は、いきなりアナログ的だった。日本の国内だけでビジネスしている経営者は、日本人がアジア各国の中では一番ウェットだと思っている。だが、私はそうは思わない。日本人も確かに「ノミニケーション」や「ゴルフ」などでの信頼関係の構築は重要視する。しかし、アジアの経営者はそれ以上だ。私が、韓国のベンチャー企業と日本の企業の橋渡しをしていた2000年頃、韓国では、日本より先行してブロードバンド化が進行していた。ソウルに乗り込んでいきなりド肝を抜かれたことを今でも鮮明に覚えている。彼らが得意とする「風呂敷を広げた話」ではない。オンラインセミナー配信の合弁会社設立の話をしていた時である。打ち合わせで何を話そうかと思案していると、挨拶程度で打ち合わせは終わり、「今日はまずは飲もう」と言う。結局、三次会までご丁寧にセッティングいただいた。十分すぎるほど打ち解けた翌朝、これで商談もまとまったと勝手に安心していると、予想外な展開となった。この時の打ち合わせは、前日とはうってかわってとてもタフな交渉の場となったのである。その頃の韓国は、ネットベンチャーは日本よりかなり進んでいた時期で彼らは自信満々だった。強気なのはわかるが、昨日のフレンドリーな雰囲気はいったいどこへいったのか…と呆気にとられてしまった。

そんな経験をしたあの頃から十数年が経過した。今は、ベトナムを中心に東南アジアを見据えて、建設や農業ビジネスなども推進している。実は、ベトナムも韓国に負けず劣らず「ノミニケーション」を大事にする。アジアでいかにビジネスを推進するか？　長年考え続けてきたことだが、私達が創業時から支援サービスを提供しているのは中小企業だ。やはり、アナログ的でウェットな会社が多い。経営者も叩き上げで人間味あふれる方が多い。そんな中小企業も今は、海外を視野にするべき時代に入った。いや、視野にできる時代が来たといえよう。大企業のように資金力もないし、人もない。とても中小企業では太刀打ちできないと思われている。ボスである社長自らが出張っていけば良いが、そんな余裕もない。ボヤきと諦めのオンパレードだ。ただそれでも、パワフルな社長も少なからず存在する。60歳を超えても、馬力があって、しかもその国が好きで何度も足を運んでいる社長もいる。

すでにアグレッシブに活動している社長も、尻込みしている社長も、こんなチャンスの時代になんともったいないないと思う。それはＩＣＴを使えていないからだ。日本は、アジアを中心、例えば、ベトナムかタイあたりを中心に地図を見ていただいたら、とても辺境の場所にある。近いということは親近感だけではなく、実際に商圏も一体化するし、物流も生まれるし、ビジネスのシナジーが生まれやすい。日本はとても不利な場所にあるのである。

私達の場合、海外活動を始めた時から、こういうハンディをそこまで感じたことはない。飛行機に乗っての移動は面倒に思うのは正直なところだ。しかし、日々の業務は、海外にいることを意識せず、日本国内との重要会議や営業活動も普段どおり行われている。言うまでもなく、ＩＣＴを自然に、上手に活用してきたからだ。具体的には、メールの活用やテレビ会議の活用である。そして、ベースには情報共有化・活用化のための仕組みづくりに注力してきた。海外の相手ともオンライン上で打ち合わせを行う。その議事録は日本の担当者が作成し、すぐに私の手元に送られてくる。今では、昔と比べれば安価で安心なクラウドサービスが数多く登場している。ますます、快適になる一方である。こんなこと書くと、中小企業の社長から怒られそうだ。

「バカを言うな。直接会って、仲良くならないでどうやってビジネスが上手くいくんだ」

もちろん、私は今でも実践している。直接会うときは、徹底的に飲んで遊んで、ゴルフもする。そうすれば、一気に関係は深くなる。仕事を進めるのは、遠隔地での会議やメールで充分こなせる。要は使い分けと、メリハリなのだ。今の日本企業は一番中途半端なやり方をしている。このままではＩＣＴ活用時代に取り残されていくのではないかと心配になるばかりだ。

提言13 アジアビジネスこそリーンスタートアップで！

シリコンバレーが改めて注目を浴びているそうだ。ＩＣＴ業界に30年近く身を置いてきた私の目には、数年に1度やってくるトレンドとして注目されているのでは、と考えている。シリコンバレーといえば、ＩＣＴベンチャーが結集し、世界的な企業が誕生することで有名だ。２０１５年4月、安倍首相もシリコンバレーを訪問し、日本の中小企業の当地進出の支援を後押しすることを発表している。私もちょうどその頃、念願叶って初めて訪れたが、やはり特別な場所だった。

シリコンバレーでの今の起業のスタイルはリーンスタートアップが主流だ。例えば、「リーンスタートアップ」（日経ＢＰ社）という一冊は大変参考になる。この書籍の中のスタートアップの定義が改めて勉強になるのだ。引用させていただく。

〈スタートアップとは、とてつもなく不確実な状態で新しい製品やサービスを作り出さなければならない人的組織である〉

実はトヨタのリーン生産方式の考え方から生まれたのが、リーンスタートアップだとも述べられている。それよりも、インターネットにある次の説明がすんなりと腑に落ちる。

〈米シリコンバレー発の起業の新しい手法〝リーンスタートアップ〟が注目されている。コストをあまりかけずに最低限の製品やサービス、試作品を作って顧客の反応を見る。このサイクルを繰り返すことで、起業や新規事業の成功率が飛躍的に高まる〉

※出典：NEVERまとめサイト

まさに、今のアジアビジネスの創造にピッタリではないか。

私達がビジネスを展開する場所であるアジアは、シリコンバレーのようなＩＣＴベンチャーが活躍する場ではないし、そういう時代でもない。日本の30～40年前であるから当然だ。逆にあらゆる分野にとてつもなくチャンスがある場所だ。そこへ日本の企業が一気に押しかけているのだが、今のところは、今までの日本の企業の強みが弱みとなっている。特に大企業では顕著だ。

もちろん、成熟した日本の大企業のやり方も通用する部分がある。しかし、これらの企業の海外担当者、とくに現地調査や市場調査を任されたサラリーマンと関わると実に話が噛み合わない。

日本の大企業の中堅社員といえば、ビジネスの経験が20～30年前後に達しているだろう。彼らが活躍してきた現場は、成熟した日本経済の中だ。実は社会的にも経済的にも変化はほとんどない。自分達は攻めているようでも、実は他国の企業から見れば、守り一辺倒だ。イノベーションなどごく一部の企業でしか起こらない。このような経験のまま東南アジアに乗り込んだ場合、ミスマッチが置きやすい。

本書でも紹介させていただいた「失敗学」が十数年前に流行ったのは記憶に新しい。

高度成長期が始まったころの企業のアーリーステージから成長期は失敗だらけであった。だから、学びも多いし、強靭でしなやかなビジネスの思考と行動が身についた。ところが、今の企業活動は過去の成功法則にのっとった安全運転が前提となっている。半永久的にカイゼンが遺伝子そのものであるトヨタのようなイノベーション企業であれば、常に変化適応を前提とした組織活動ができているだろうし、そういう個人が存在するのだろう。

そんな大企業がモタモタしているうちに、中小企業にチャンスを掴んでもらいたい。中小企業こそが大企業に勝つ唯一の方法、それこそが『リーンスタートアップ』ではないか。

大きな投資などしたくてもできない。まずはやってみる。そして、やりながら考える。だから大きなチャンスに巡り合う。これはまさしく戦後復興の過程で、中小企業が躍進してきた原動力である。

今のアジアにおけるビジネスは、平均的に考えて日本の数分の一の投資とリスクで挑戦できる。今の日本の大企業は、狙うマーケットや事業規模が大きいので、必然的に事前調査に時間と費用をかける。そして、M&Aなどを選択する。もちろん、こういう戦略も正しい。だが、中小企業にはとても真似できないし、やる必要はないだろう。

レストランの進出がわかりやすい。例えば、ホーチミンを舞台として考えてみよう。今は第二次飲食業の進出ラッシュだ。ラッシュといっても、日系だけのものではない。現地の経営者が日本食レストランを次々と開業している。必然的に過当競争となる。私の予想では、近隣のシンガポーやタイと同じ道を進むと思う。数年後に第三次のブームを迎える。これで今のタイ（バンコク）のような状態に入り、10年後ぐらいに今のシンガポールのような最終ステージに入るだろう。じっくり市場調査を重ねることが無駄とは言わない。しかし、中小企業の社長が直感で決めてスタートしても足りる段階ともいえる。あるいは、進出国の地方都市でスタートするならば、市場調査などまったく必要ないと考えている。そこには、ライバルがほぼいないのだから。「闇雲にスタートできるわけないじゃないか！」と言われるかもしれないが、やってみないとわからないことの方が海外では多い。だからこそ、まずはやってみることが一番重要なのである。

提言14

新興国とICTの相性と活用あれこれ

今や日本国内の新聞や雑誌で「ＡＩ」や「ＩｏＴ」に関する記事を見ない日はない。私自身、偶然にもＩＣＴに関わって30年が経つ。それだからか、どうしてもいまだにこういう類のメディアの喧騒には懐疑的だ。先進国である日本は、十分便利だし生活も豊かだ。これ以上、ＩＣＴで一体何がしたいのか？　思わず、穿った見方をしてしまう。最近の節操のないメディアの記事は、ＩＣＴ産業を近い未来の日本の屋台骨の産業に仕立てあげたい政府の思惑に踊らされているのか。それともＩＣＴサービス会社の片棒を担いでいるのか。少なくとも、先進国日本では猫も杓子もＩＣＴではなく、必要なところは限られている。私は、ＩＣＴの使い方を誤るととんでもない時代が到来すると危惧している。

例えば、子供の教育環境がそうだ。これからは子供たちをスマホやSNSから遠ざける大人たちの意志と配慮と仕組みが必要だ。大都会のコンクリートに囲まれた生活環境でさらにICTに四六時中触れていては、とても感性豊かで思いやりのある子供が育つとは思えない。田舎に住んで土で遊び、木の家に住む。そしてシニアと触れ合う。こんな環境が子供にとって最高なのは今や誰でも気づいている。

また、顧客の囲い込みのためのICT活用もすでに顧客として人が望むレベルを超えてしまっている。信頼感や安心感なども合わせた顧客満足構築の域を出て、今やインターネットや個人情報の扱いなどに関しては、急速に不安感や不信感が広がっている。実際、重要な個人情報の漏えい事件は後を絶たない。そして、すでに余計なサービスや勧誘を受けたくない顧客が増えている。つまり、「そっとしておいてほしい」顧客が増え始めている。シニアなどはその代表例だろう。一部にはスマホを使いこなしてECで買い物する人もいるだろうが、多くのシニアは人と触れ合いたいのだ。人と対面する場で買い物をして、その買ったものを信頼できる誰かが運んでくれる。そこにまた会話が生まれる。

こんなことを色々と考えた時に日本のような先進国はＩＣＴを活用してより快適さを求める一方で、ＩＣＴから遠ざかることで快適さを実現できる部分を認識すべきだろう。人間はアナログの世界で生活することが何よりも大切だ。健康で元気でいる最大のポイントである。これからのＩＣＴ活用のステージは生活する人々が主役となるだろう。

プログラミングが学校教育に組み込まれるという。実際、プログラミングの仕事をしてきた私としてははなはだ疑問なのだ。図画工作や美術などを教えるのとは意味が違う。大切なのはＩＣＴの仕組みを作ることではなく、ひとりの人間としてＩＣＴの仕組みをどのように正しく活用するか、なのである。これは自動車のメカニズムの勉強を子供に義務化するようなものである。自動車であれば、運転の仕方はいうまでもなく、マナーや交通安全、環境対策などを教える方がよほど重要なのである。

さて、本題の新興国でのＩＣＴ活用はどうだろうか？　新興国と一言でいっても千差万別である。今回は、アフリカのウガンダと東南アジアのベトナムで考えてみる。ちなみに、約20年前のベトナムよりも今のウガンダが進んでいると感じる部分がいくつかある。ひとつは自動車の普及である。もうひとつはＩＣＴの普及だ。科学技術による進化が地球規模で広がる今の時代、発展途上国に近いような国であってもすでにＩＣＴなどは普及し始めているのである。

ウガンダは農業立国を目指している。気候的にも農業にはうってつけだ。農業とＩＣＴの組み合わせのビジネスが日本国内でも目立つようになってきた。トレーサビリティや省力化などの部分では先進国でもＩＣＴ活用の余地はある。しかし、日本の根本的な問題は農業従事者の不足である。このことに気づいていない方々が意外と多い。一方、ウガンダは労働人口の大半が農業に従事している。なおかつ農作に適した土地も広大だ。足りないのは農業のノウハウや商品化の技術である。ナイジェリアは政府主導で携帯電話端末を農家に配布し、農業に関する情報を配信している。仕組みとしては簡単で、端末と通信インフラがあれば足りる。また、農家に農業に関するノウハウを伝授するのも工夫すればやりようはいくらでもある。例えば、日本の高性能ゲーム開発の技術があれば、いくらでもきめ細かいサービスが構築できると思う。

建設現場の技能指導を考えてもＩＣＴ活用で可能性が広がる。ベトナムでは今、日本の職人が日本の技をベトナムの職人に伝授する機会が増えてきた。

今のやり方は、アナログ中心で日本の職人が現場で直接、技を見せて教える。この方法が、日本の技を伝授するのには一番良いが、日本人の人件費の問題と、誰が現地に張り付いて根気よく教育するのか、という問題が常に横たわる。必然的に、一過性の指導に終わり、なかなか、技は伝承できない。ここでひとつＩＣＴの活用を考えてみる。日本にいる日本のベテラン職人がベトナムの現場にいるベトナム人職人をオンラインで指導する。ベトナム人職人はスマートグラスをかけて実際の手で作業を行う。日本のベテランは、ベトナム人職人の目線でその手元をモニターで見ながら指導する。この仕組みの応用範囲は建設現場に限らずいくらでも考えられる。

今、ベトナムではタクシーの配車アプリサービスの「グラブカー」が普及し始めている。ベトナムではタクシーに乗る際に不便だからこのようなサービスが流行する。仕組みはシンプルで、タクシーをスマホなどで予約するサービスである。この分野では、米国の「ウーバー」が先駆者的存在であり、最近では自動車産業の未来を左右するような話題も聞かれる。ひとつはトヨタが出資するというニュースが流れた。

ベトナムで過ごしていると何が困るかというと雨季に必ずといってよいほど発生するスコールの時にタクシーがつかまりにくいことである。そもそも、ベトナムのような新興国に慣れていなければ、言葉も通じるかどうかわからない。高額な料金をふっかけられるかもしれない。当然、とても不安になる。実際、少なからずトラブルも起こっている。そこでシンガポールに本社を置く「グラブカー」がベトナムで急速に普及している。ベトナム人社員に聞いてみると、確かに便利だという。ようやくカーナビも普及し始めた程度のベトナムは日本のように車社会は快適ではない。ベトナム人の中には自動車を購入して「グラブカー」に登録し、即席タクシーとして月に1000ドル以上稼ぐ人たちも増えているという。つまり、タクシー会社ではない民間のいわば白タクを「グラブカー」で予約して利用しているのだ。

ウガンダでは日本のハイエースの中古車が相乗りタクシーとしてウガンダの交通インフラを支えている。現地の人に聞いたら、そろそろ地元の起業家が始めるライドシェアサービスが始まりそうだという。新興国に定着している日本人ならこういう発想は自然と出てくるだろう。それよりも、現地のウガンダ人がICTによるクラウドの可能性を知ったら、泉のように知恵が湧き出てくるのは間違いない。

しかし、日本国内のあまりにも便利すぎる社会でこれ以上、『余計な利便性』を追及している企業人には新興国でのビジネスチャンスは見えないし、新興国でワクワクすることもないだろう。日本の子供たちにプログラミングを学ばせることがすべて無駄だとはいわないが、子供たちに新興国を体験させる方がよほど将来の日本のＩＣＴ産業を磐石なものにすると思えるのだが…。

提言15

中小企業がイノベーションで変革するチャンス

２０１６年1月5日の日本経済新聞を見て時代の変化を実感した。掲載されていたのは、恒例となった年頭のトップ挨拶。そのキーワードとして『革新』が目に入る。併せて「海外」「法令遵守」という言葉が並ぶ。たしかにこの３つのキーワードは現代の厳しい経営環境下における大企業の課題が集約されているといえるだろう。今や日本の家電系メーカーの不振は驚きではなくなった。世界マーケットを俯瞰すれば、現状は惨敗だろう。

革新という言葉は一般的には「イノベーション」と同義語と捉えてよいだろう。大企業も激変する経営環境の中、イノベーションが至上命題となっている。その中でも重要な要素となるのが「海外」である。いまさら言うまでもないが、マーケットが縮小する国内だけでは、とても大企業の継続的発展はおぼつかない。そして、日増しに要求が厳しくなる「法令順守」。たしかに先進国としては大切なことである。しかし、今や世界の激戦区の東南アジアで勝負するに足かせのひとつにもなりかねない。

将来のポテンシャルの高さと日本との親和性の高さでもっとも注目されるマーケットのひとつが東南アジアである。ところが、現地の視点で日本国内のビジネスを眺めるととても窮屈に感じる。法令順守の上に、失敗が許されない現代の大企業にイノベーションが起こせるのだろうか？　ドラッカーは著書でこう述べる。

「イノベーションとは意識的かつ組織的に変化を探すことである」

つまり、この変化を察知して行動した者が生き残れる時代である。日本国内は海外に比べるととても変化が少ない。もちろん、少子化や高齢化の課題は顕在化しているが、これは随分前からわかっていたことだ。にわかに最近になって騒がれ始めたに過ぎない。急激な変化でもない。

日本は変化の少ない「先進国ボケ」の兆候に陥っている。世の中の変化に気づかず、ぬるま湯につかっている状況。そして、今、その下から轟々と変化の炎により、ぬるま湯が熱湯に変わりつつある。日本人はようやく気づくのだろうか?

一方、海外、とりわけ新興国や発展途上国の変化は劇的だ。併せて、地球全体を取り巻く問題は、複雑化し急速に深刻化している。ビジネスだけで考えても、世界から見れば、変化はある日思いがけないところから突然起こる。最近、欧米などで盛んに使われだした経営のキーワードに『ジュガードイノベーション』がある。新興国などで生まれる商品やサービスのことである。実際、私達のビジネスの主要拠点であるベトナムでもその兆しはいくつもある。例えば、ロボット開発。先進国や日本の専売特許と思いきや、すでにベトナムでも開発が始まっている。しかも、工業用ではなく家庭用のロボット開発だ。

日本は、高度経済成長期から「高機能・多機能・高品質」の商品開発を追求し続けている。これは一見、イノベーションといえるが、マーケットとミスマッチが起こりだすと単なる足かせにしかならない。携帯電話に代表されるように、日本人しか必要

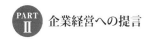

としない機能などはたくさんある。日本の商品の大半は先進国でしか通用しないのはなぜなのか？　顧客の満足を逸脱したビジネスがいつしか日本で広がり始めている。そもそも必要のない機能を、さも必要性があるように飾り立てて売りさばく。複雑化、巧妙化するＩＣＴが重なってくるとますます、この傾向に拍車がかかるだろう。

「法令順守」と「革新」のふたつのキーワードの両立は極めて難しい。なぜなら、イノベーションとは失敗の連続の中で、ある日突然、光明を見出すものだからだ。では、中小企業はどうか？　大企業のように窮屈な経営環境ではないぶん、動きも身軽だ。もともと商売のサイズが小さいので、自社の商品を侵食するカニバリゼーション（共食い）も起こらない。中小企業が大胆に行動すれば、国内外でジュガードイノベーション（新興国特有の市場環境で開発された商品・サービスなど）の主役になれる時代だ。

わかりやすく考えるために、アフリカにおけるビジネスを考えてみよう。あくまでも考察なので、治安などのマイナス要素やリスクは排除している。生活環境的には、日本の戦前の田舎と一緒と考えてよい。ちなみに、東南アジアは終戦直後の日本ということになる。ところが、この両エリアともすでにインターネットがつながる場所である。アフリカは衛生・食料・水など数多くの課題が山積している地域が数多くある。私達のスタッフも国際協力機構（ＪＩＣＡ）の民間連携による海外青年協力隊の一員としてウガンダに赴任している。赴任地は首都からは車で3〜4時間ほどの現地で水の防衛や農業指導などをしている。実はこのウガンダからでもスカイプで顔を見ながら日本と打ち合わせもできるのだ。こういう場所で、日本が貢献できることはいくらでもある。昔のノウハウやカイゼンのプロセス、それと起業家精神。これは中小企業がかつて実践してきたことである。井戸を掘る技術ひとつ伝授するだけでも、現地の生活様式は進化を遂げる。進化の過程は、いつか日本が辿ってきた改善の道と重なる。

今の日本には存在しない新市場が広がっている。今の日本からするとアフリカは極端な事例かもしれないが、身近な東南アジアでは、中小企業が現地企業と組めばあらゆるところに「イノベーション」の機会が転がっているのだ。

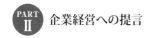

提言16 日本のＩＣＴはガラパゴス化の同じ轍を踏むな

――ガラパゴス化

このキーワードがビジネスの世界で一般的に使われだして、どれぐらいになるだろう。

記憶によると、携帯電話の失敗事例が真っ先に頭に浮かぶ。高機能・多機能過ぎた日本の携帯電話は、海外では普及せず、日本でしか使われなかった。狭い日本に最適化し過ぎて、世界のビッグマーケットをたぐりよせる機会を逃してしまったのである。

日本が経済力で光り輝き、ＩＴの最先端ツールや仕組みが先進国でしか使われていなかった時代は何も問題はなかった。しかし、今や世界がマーケットだ。しかも、そのほとんどが日本よりも未成熟なマーケットなのだ。こんな未成熟なマーケットで先進国に最適化し過ぎた商品は不釣合いだ。もっとシンプルであり、現地のニーズに適応したものでなければ受け入れられない。

家電業界のここ10年の栄枯盛衰も記憶に新しい。韓国メーカーの台頭だけではない。例えば、日本の高度成長期を支えてきた白物家電の雄・サンヨーは今はすでにない。一度は、パナソニックの傘下に入り、今は、中国のハイアールにそのノウハウや技術は吸収された。そのハイアールは新興国、後進国マーケットをターゲットに躍進を続けている。日本の戦後からの歩みを考えれば、私ぐらいの世代には理解できることである。私は今でも時々電気屋に行くことがある。若い頃から最新技術に関心が高かった私は、最新機器の進化が気になった。洗濯機、冷蔵庫など、一体どこまで進化するのか、新商品を見るたびに胸が高鳴った。しかし、考えてみたら、こんな高機能で多機能な商品を使って、生活の何がかわるのだろうか？　ハイテクは本当に人々の生活を豊かにしているのだろうか？　今ではついつい余計なことを考えてしまう。現実的な思考回路で考えると、これらが無用の長物に見えてしまう。ハイアールはインド市場などで、単機能の洗濯機を量販している。ちょうど私が子供の頃と似たような生活環境だと思う。日本では洗濯機が自動化されだした時代だった。それが今や全自動。日本の進化はもの凄いことだ。20年後のマーケットとして世界の期待を集めるアフリカはどうだろうか？　まだ、電気が使えないところだらけだ。電気がなければ、家電は使いようがない。では、どうするのか？

先進国には、すばらしい技術やノウハウがたくさんある。しかし、先進国のみで経済が発展する時代はすでに終止符が打たれた。これからの企業は、新興国、後進国のマーケットにどれだけ食い込むかが勝負だ。日本のICT企業も、建設、物流、食品メーカーなど、他の動きに乗り遅れまいと海外進出が視界に入ってきた。日本で培ったソフトウェアやICTシステムの売り込みも始まりつつあることを実感する。私も日本のソフトウェアを海外に浸透させることには大いに賛成だ。最大の理由は、日本のビジネスや技術ノウハウが凝縮されているからだ。実際にセンスのある経営者はこれを欲している。しかし、最大のネックは価格だろう。いくらオフショア開発で、開発コストを低減しているといっても、日本の価格を持ち込んだのでは勝負にならない。

ローカライズ化で成功を収めつつある食品メーカーなどと同じように、現地で開発して、現地価格に適応させて現地で売る。これがベストである。すでに、大手ソフトウェアメーカーがベトナムで日本製ERPをローカライズ化して、販売を始めている例もある。日本のビジネスノウハウが凝縮された商品は、その導入工程での業務改革などを上手に行えば、ベトナム企業の発展に大いに貢献できることは間違いない。しかし、こういうビジネス手法も過渡期のものになるだろう。知的財産の代表選手のソフトウェアやICTの仕組みは現地で生まれるのが一番だ。しばらくは試行錯誤が続くだろうが、その国のビジネスのレベル、社会生活のレベルに適応した商品がその国で生まれ出すだろう。

ガラパゴスにならないうちに、日本のICTも海外で活躍して欲しいと切望する。

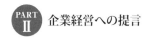

提言17

日本の今のソフトウェアは新興国に売れるのか？

『日本の技術やノウハウを新興国に提供する』

タイを筆頭に製造業の海外進出がアジアに向けて始まった約40年ほど前から、このテーマは常に議論が繰り返されてきた。単純に考えれば、有料で相手国の企業に提供すればよい。しかし、技術やノウハウは、さまざまな方法で意図せず流出するというリスクがついてまわる。20年ほど前は、製造業の空洞化が日本の産業の根幹を揺るがすとして、とても批判的な意見が多かったように記憶している。海外に技術やノウハウが出ていくということは「流出」と捉える人がいまでも多い。日本人はどちらかというとネガティブに考えやすいからだ。しかも、日本よりも機密保持、知的財産権の保護の仕組みが脆弱な中国などへの展開はリスクだらけだとの認識が強まった。

しかし、時代は変わっている。すでに隣国の韓国はいうまでもなく、中国やタイなどでは製造業が根づき、世界の中心的プレーヤーを輩出するまでに成長している。日本のお家芸であった家電などはすでに日本勢の敗北は明白である。もはやこうなると、技術の流出云々などの議論自体が滑稽である。

先進国の技術やノウハウを基にした新興国でのイノベーションは常なる必然である。日本もかつてはそうだった。マクロ的に見れば、後発の国が先進国にいつかは追いつくのである。しかも、将来にかけてポテンシャルの高い市場が新興国にはある。競争力がある新商品が生まれるのは自然の成り行きだ。かつての日本も先進国の最先端の技術の模倣から入り、自国の潜在的マーケットを武器にイノベーションを起こしていった。技術の流出などという狭い議論の話ではない。まして、衰退傾向の日本の電機メーカーなどから、リストラされた優秀な技術者がどんどん、新興国の精鋭部隊としてスカウトされている。この流れは止まらないのである。

さて、本稿のタイトルにもあるが、日本のソフトウェア業界はどうだろうか？　今、日本の第一線のソフトウェアメーカーは、中国や東南アジアにソフトウェアを商品として販売を始めた。このことは前項ですでに述べているとおりだ。ＩＣＴ関連企業の動きを見ていると、ようやく本気モードに移行しているようだ。実際に現地における日系企業相手のマーケットはある。しかし、ローカルマーケットに比べたらその大きさは微々たるものだ。

まして、成長著しい新興国現地の数多くの産業の未来を見据えると、ソフトウェア産業の未来も他の産業と同様に明るい。いや、ＩＣＴ革命が全世界的に進行する中、全産業にかかわるＩＣＴが寄与できるマーケットは無限ともいえる。ソフトウェアという商品の最大の強みは、複製することによっていくらでも大量生産できることである。

一方そのことが、かつては不正コピーが横行する新興国では商売にならないとされてきた。マイクロソフトが中国に進出した当時の苦難の道はあまりにも有名である。ＯＳなどの基幹ソフトやワープロなどのアプリケーションはコピーして使うのにはもってこいである。では販売管理システムや会計システム、生産管理システムはどうなのだろうか？　この類は単にコピーしたら使えるという代物ではない。例えば、日本の会計システムがベトナム現地ではそのまま使えない。商習慣や業務の仕組みが異なるのだから当然である。

また、それなりのトレーニングや指導も欠かせない。そもそも、新興国のビジネスレベルは、日本のソフトウェアをそのままコピーして活用できるような業務の基準に達していない。自然と、まずはかつての日本が行ってきたようなソフトウェアを入れる前に業務改善という段階を踏む。

すでに日系企業が東南アジアの国々で、日本のソフトウェアを導入するビジネスを始めている。現地のＩＣＴ企業と組んで、現地仕様にカスタマイズして販売する方法が一番オーソドックスで、今の時点ではこの形態が成功への近道だと思う。では、核心ともいえる、質問をぶつけたい。「日本のソフトウェアは海外で売れるのですか？」

結論としては、化粧品や電化製品、食品などのように爆発的に売れることはないだろう。努力して商売すれば現地の日系企業にはある程度売れるし、ローカルマーケットでも少しは健闘するだろう。しかし、ＩＣＴの特性を考えると『地産地消』のＩＣＴが一番強いのはいうまでもない。ソフトウェアやクラウドサービスを構築する技術は、日々日本との差は縮まっている。というよりも、すでに同レベルと考えた方がよいかもしれない。開発も、使う側もＩＣＴには地域差があまり見られない。つまり、世界規模で同じようなレベルで広まっていく。

約30年前から始まった中国のＩＣＴ産業はすでに日本の能力と遜色ないレベルに到達している。中国と比べて約10年遅れで推移しているベトナムでも最大手のＦＰＴソフトウェアはすでにロボット開発を始めている。ソフトウェアはどこの国でも創れる時代が到来している。「アフリカのシリコンバレー」を目指すルワンダもそのレベルに到達するのは遠い将来ではないだろう。

すでに述べた製造業の場合、良い製品を作るためには数多くの高性能かつ品質の良い部品が必要だ。技術が流出したとしても、すそ野の部品が調達できなければ良い製品は作れない。２０２０年の工業化立国を目指すベトナムが苦戦しているのは、すそ野産業が未整備のままだからだ。このままではタイに追いつくことは不可能だろう。

しかし、乱暴に言ってしまえば、ソフトウェア開発は優秀なエンジニアがひとりいれば完成させることはできる。規模を問わなければ、職人芸の世界である。しかも、今はフリーソフトが全盛の時代。基幹のOSに限らず、利用できるソフトの部品はたくさんある。そして、クラウド時代に突入している。こんな参入障壁の低い産業は他にないだろう。このような状況の中で、わざわざ日本で作ったソフトウェアを海外に売るモデルに将来性があるだろうか？

では、どこにチャンスがあるのか？ それは、日本水準の仕事の仕組みの部分だ。つまり、経営の仕組みやビジネスモデルを新興国に伝えることが一番望まれていることである。そのノウハウが詰め込まれたソフトウェアを展開するというならば価値は高いだろう。

今、東南アジア各国は日本に学びたいと思っている。多分にリップサービスも含まれるが、現地の経営者から毎日のように日本の仕組みやモデルを学びたいと切望される。建設、農業、飲食など業界も多岐に渡る。それは、「カイゼン」のノウハウであったり、品質管理の仕組みが現地に求められている証左でもある。また、サービスレベルの向上にも現地の経営者の関心は高い。これからの時代はＩＣＴサービスを提供する企業ではなく、経営の仕組みを持っているユーザー企業が国内外で活躍できる時代がくると想像する。常に新興国は混とんとはしているが、イノベーションが連続的に生まれる土壌がある。やる気と市場があるのだから当然だ。日本の仕組みを基にしたソフトウェアの世界でも、現地でジュガードイノベーションが生まれやすい時代ともいえるだろう。

ところで、すでに米国発のソフトウェアが日本に数多く入っている。これと同じようなことが、いずれは新興国で生まれたソフトウェアが日本にも上陸するだろう。リバースイノベーション（新興国における技術革新が先進国に導入され、世界的に普及する概念）がＩＣＴの世界で一番先に起こることも想像に難くない。ソフトウェアの特性を考えれば、今はクラウドがベースであれば、瞬時に拡大することが可能だ。すでに新興国でいくつかの事例があるが、日本でせっかく良い仕組みを構想しても、既存の仕組みや規制、企業間のしがらみなどで、普及しないケースがよく見られる。例えば、医療の仕組みなどは代表例だ。一方、新興国では何もないところから地域の医療情報の共有といったことも、行政とも連携しながらスムーズに浸透している。

食に関するフードバリューチェーンの構築にもＩＣＴは欠かせないが、この世界でも新興国で生まれるソフトウェアが強いはずだ。

事例を挙げだしたらきりがないが、すでにＩＣＴ革命は新興国でも始まっているのである。

提言18

「百聞は一見に如かず」の前の一見がビジネスを変える

人間は思い込む動物である。年齢を重ねてくると、人間は長く安全に生きていくために必要な思い込みが頭を支配してくる。私の周りでも、思い込みの激しい人は多く存在していると感じている。脳科学の専門家の話を聞いても、そのことが頻繁にテーマに挙がる。思い込みは固定観念と言い換えることができる。英語でいうと『ステレオタイプ』となるか。この思い込みはビジネスでは弊害になることが結構多い。また、思い込みが強い人との仕事はなかなかうまくいかない。業務改善の実行、新規事業やイノベーションの創造にはこの「思い込み」が邪魔をする。経営環境が激変する日本企業において「思い込み」が進化を妨げ、停滞の要因を生み出しているといっても過言ではない。

ますます重要度を増す経営課題のひとつである海外進出においてもこの思い込みがボトルネックになっているケースが多い。ここ最近、新興国である東南アジアやインドへの企業進出が本格化してきた。当社が20年近く活動しているベトナムでもいよいよ本格的な進出ブームが到来している。少し過熱気味のベトナムブームは、日本人特有の性格が大きく影響していると思っている。それは『皆で渡れば怖くない』である。長年、日本企業はリスクをとることを恐れ、チャンスを見るよりも先に心配が先に立ってきた。ゆえに、日本は韓国や中国に比べ、圧倒的に東南アジア進出で出遅れた。今、日本はどことなく海外に向けて巻き返しているように見える。しかし、相手がひと休みしているわけではない。海外から常に日本を見ている私にとって相変わらず日本は出遅れているといえる。別の言い方をすれば、ベトナムにしてもカンボジアにしてもミャンマーにしても、彼らの本音はこうだ。

「もう待ちくたびれました」

「今度こそ、ラストチャンス」

「これ以上待てません」

東南アジア進出がこれから盛り上がると思っている日本人。一方でそんな日本勢はラストチャンスと見ている東南アジア各国。このギャップに日本人や日本企業は気づいているのだろうか？　この認識のズレはいまだ埋まっていないのである。

実際、中国などの近隣のライバル達は猛烈な勢いで狙いの国を攻めている。カンボジアは、2016年7月に開催されたASEAN外相会議において南シナ海の領有権問題をめぐり、ほぼ中国寄りの発言に徹した。これは単なる一例に過ぎないが、いくら日本と一緒にビジネスや国の発展に取り組みたくても、現実問題としてその場に来ない相手を彼らはいつまでも待たない。カンボジアはすでに中国に経済もインフラ整備も頼りきりの状態だ。日本の煮え切らないこういう不甲斐なさは長年、NATO（ノー・アクション・トーキング・オンリー）と揶揄されている。この日本のNATOの原因はいくつかある。まず、大企業の経営者や中小企業の二世・三世経営者が慎重すぎて決断が鈍る。石橋を叩きすぎて壊してしまう感覚は今も変わらない。しかし、もうひとつの原因も大きい。冒頭から紹介している「思い込み」だ。この「思い込み」によって千載一遇のチャンスを逃す経営者も相当多い。海外を知らない、仮に海外を知っていても先進国しか知らない日本の経営者は間違いなく、新興国がビジネスができる場所ではないと思い込んでいる。日本と比較すれば50年くらい昔の状態だと思い込んでいるのである。

これは、初めて新興国に訪れた経営者の第一印象を聞けば如実にわかる。例えば、自治体や商工会議所が主催する視察ツアーで新興国を訪ねる。海外通の友人に誘われるがままに現地に訪れる。最近、こんなお付き合いレベルの新興国訪問も増えてきた。こんな彼らが、ひとたび、ベトナムやカンボジアなどを初めて訪れ、発する第一声はたいてい皆同じである。

「こんなに進んでいると思わなかった！」
「こんなに車が多いとは！」
「スマホを普通に使っている！」

「高層の建物がたくさんあるのに驚いた！」


現代の日本では感じることのできない熱気や活気に感化されテンションが上がる。

そして、日本への帰路につく頃には必ず皆たいてい同じことを言う。


「来てよかった」

「こんなことなら、もっと早く来ればよかった」

「絶対現地で何かしようと思う」


シニアの人ならこんな想いを抱く。


「昔を思い出して、元気になった」

「刺激になった」

「ここでもう一度チャレンジしたい。もう一花咲かせたい」

この20年、新興国を初訪問する多くの日本人経営者に関わってきたが、誰一人として「期待はずれだった」「もう来ることはない」「こんな場所で仕事などできるか」という反応を示すことはない。初訪問の方々はすべからく好印象のまま日本へ帰国する。毎回繰り返されるこの現象はなんだろう？　この根本的な原因をずっと考えてきた。何度考えても、行き着く答えは「思い込み」なのだ。

『百聞は一見に如かず』という。つまり、一見した瞬間に現実に気づく。要は行ったことがないから、昔からの思い込みのままなのだ。ベトナムならベトナム戦争のイメージがいまだ皆の脳裏にこびりついている。フィリピンはかつて発生した日本人誘拐事件のイメージだ。どこかで見た衝撃的な映像のワンシーンやニュースの残像に支配されている。日増しに、東南アジアなどの新興国に関心が高まる現代においても、きっと、大半の日本の経営者がまだ思い込んでいる。私もその思い込みに毒されていたひとりだ。先日、初訪問したアフリカはまさに「思い込み」そのものだった。日本にとっても、アフリカの存在が知られていないことは機会損失にほかならない。

東南アジアやアフリカはリスクが多い。そして距離も遠い。商売なんて成り立たない。自社のビジネスにはそもそも関係がない。おおよそこのように思っている経営者が大半だ。その経営者の意識が少しでも変われば日本は劇的に変化するはずだ。何かのきっかけで新興国を知ることができれば日本は変わるだろう。現地での一見はとても大事な最初のアクションだが、それだけでは不十分だ。日本に戻ってきて、現地で感じた『熱』がすぐ冷めてしまうのも日本人の特徴だ。とはいえ、コスト、労力などを考えると頻繁に訪問できないのも現実だ。一見の後も、その熱を維持し続けるのもとても重要なこと。日々急速に変化する現地の様子を継続的にキャッチアップする必要に迫られる。今は、ＩＣＴを使えば色々なことができる。ぜひ、これを活用していただきたいと思う。

余談だが、逆の思い込みの人にもたまに出くわす。例えば、ベトナム。

「もう進出しても遅い。今はミャンマーです」

こんなことを言う人もいる。大抵は人の話を鵜呑みにするタイプなのだろう。自分で確かめないからこういうことになる。私は現在の東南アジアで遅い場所などまだないと思っている。このようなタイプはやらない理由を探しているに過ぎない。ベトナムであろうが、中国であろうが、熱意と知恵があればさまざまなビジネスのヒントに気づくはず。結局、思い込みに支配されている人にはそのヒントに気づくことができないのだ。なんともったいないことか。

さて、東南アジアならまだ訪問する際のハードルは低いだろう。しかし、20〜30年後のことを考えたら、インドやアフリカも視野に入れておかなければならない。しかし、これらのエリアは訪問するにも、まだまだハードルは高い。そこでICTを最大限に活用できないか。実は海外を知らない日本の経営者に積極的に提案したいと考えているソリューションがある。「百聞は一見に如かず」は言葉のとおり。しかし、その『一見』の前にオンラインコミュニケーションの仕組みを組み込んだらどうだろうか？オンラインではさまざまなことが可能になる。イノベーションもどんどん生まれるだろう。例えば、オンラインでベトナム現地からベトナム人の講演を聞くこともできる。

もちろん、通訳をつけることも問題ない。オンラインでベトナム人と面会もできる。商談で自社PRもできる。アフリカのウガンダに駐在する当社の社員がオンラインで講演したことがある。しかも、生中継で参加者に視聴いただいた。日本の視聴者の皆さんはとても刺激を受けたようだ。確かに日常ではありえない体験である。あれほど遠いと感じていたアフリカの距離が少し近づいた気もした。

毎回現地に行くのは時間的にも大変だし、コストもかかる。だからこそ、つなぎはオンラインを活用すればよい。初訪問の熱が冷めぬうちに、オンラインで現地と積極的に交流し、具体的なビジネスアイディアの検討も進めることもできる。

一方で、現地の人と親しくなることもとても重要だ。お酒を飲みに行ったり、ゴルフを楽しんだりすることで親交を深める。しかし、毎回会う必要はない。今は、スカイプも世界中で使える。今後、もっと便利なコミュニケーションサービスも登場するだろう。一見の前に『オンラインでの一見』こそこれから必要ではないだろうか。ここに意識を傾けると必ずしもすぐに一見できなくても「思い込み」を取り除くことも可能な時代なのである。

オンラインでのコミュニケーションこそ、物理的に遠くて内弁慶な日本人の大きな武器になることは間違いない。

提言19

オンラインで営業活動とビジネスが劇的に変わる

ＢｔｏＢであろうが、ＢｔｏＣであろうが営業担当が商品やサービスを売ることは世界共通である。営業担当は『もっとも人間力が磨かれる』仕事のひとつであると日本ではよく知られている。その一番の理由は、人間力を最大限に発揮して営業活動を行い、顧客との信頼関係を勝ち取ることで商談の90％以上は決まるからである。もちろん、商談の成功には商品が優れていることが重要だし、自分の会社の信用、つまりブランド力も大切だ。また、顧客攻略のノウハウといったような営業のテクニック論など、その他さまざま重要な要素はある。

では、人間力で勝負とはどういうことか考えてみる。人間力とはＩＣＴがデジタル的であるということに対比して、アナログ的であるかどうかと言い換えることができる。現代の営業スタイルにおいて、このアナログ的な要素とデジタル的な要素を改めて考えてみよう。

ここ最近の営業活動はICT最先端ツールを駆使しているケースが大半だ。スマホで予定のチェック、スマホで訪問場所や地図を確認することは当たり前。プレゼンはパワーポイントで作成し、時には動画も活用する。タブレット端末を巧みに使いこなし、商談を展開していく。仮に営業商談でICTツールを使わなかったとしても、その説明資料などはさまざまなアプリケーションで作成されているだろう。また、組織的営業活動はその活動の行動管理やプロセス管理もとても重要だ。ここ数年、SFA、CRMなどのICTによる営業活動管理、顧客管理などは今や一般的になりつつある。今の日本のような先進国で、営業の予定やプロセス管理を手帳のメモだけという人はシニアには多いだろうが、すでにマイノリティになりつつある。現代の営業活動を振り返ると、かなりのシーンでICTは当然のごとく使われている。もはや、これ以上の営業活動の効率化やより次元の高い商談を求めることは難しいのだろうか？

もう一度、別の視点で営業活動の基本パターンを振り返ってみる。顧客接点ゼロという状況から考えてみるとわかりやすい。営業の第一歩は、なんらかの手法で顧客候補を見つけることが第一歩である。問い合わせや紹介が理想だが、今でも変わらずテレアポや飛び込みは有効だ。こういう行為は、営業としてのメンタルトレーニングも兼ねている。アナログ的営業の典型ともいえるだろう。そこに加えて、最近ならば企業ホームページにダイレクトにメールなどでアプローチできる。

次は、潜在顧客が見つかったら、訪問の約束をして、顧客との面会に向かう。BtoB、BtoCそれぞれの商談の進め方に違いはあるが、冒頭で述べたように、いずれの場合も営業では人間力こそ最大の武器である。この人間力は人間的魅力ともいえるが、具体的にどういうことだろうか。

初訪であれば、第一印象は絶対だ。身だしなみ、マナーなど、気を配ることは山ほどある。初訪で好印象ならば、次はクロージングに向けてのフォロー活動だ。もちろん、一発クロージングが望ましいが、平均的には何回か顧客との面会となる。ある灼熱の日本の夏のシーンを考えてみよう。今でこそクールビズが当たり前になったが、一昔前までは、どんなに暑くても、ネクタイにスーツがスタンダード。極端な話、顧客に会う寸前までネクタイを外し、スーツの上着は手でわしづかみ。顧客に会うときには、涼しい顔をして、顧客に一生懸命さと誠実さをアピールする。少なくとも10年以上前の日本の基本的な営業スタイルはこんな風景が当たり前だった。冬は冬で、どんなに寒くてもコートを着ずに走り回り、元気さと気合をアピールしていた。私が社会人駆け出しの頃は、少なくともこういう環境を肌で感じてきた。

今は何が変わったのか？
そもそも営業活動は楽になったのか？

クールビズになって、灼熱の夏の季節だけは営業活動もライト感はある。しかし、今でもまったく変わらない風景もたくさんある。それは、嵐であろうが雪であろうがどんな天候でも顧客に訪問するという姿である。時には、満員電車に詰め込まれて移動し、乗り継ぎにピリピリしながら、移動だけで神経が磨り減る。顧客が遠方の地方でも今の営業の基本パターンは、まず顧客のオフィスに訪問することからスタートする。この風景こそ、いかにも一生懸命であり、誠実でアナログ的な象徴である。もう滅多に見かけなくなったが「灼熱の中のスーツにネクタイ」も同様だろう。

営業はお客さんに直接会うのが当たり前である。ところが、この当たり前を疑うと営業活動は劇的に変化していく。海外とのビジネスで考えると、とてもわかりやすい。海外での商談では計画通りに顧客に会うことすら大変だ。ひどい渋滞に巻き込まれたり、逆に相手がドタキャン…なんてことも日常茶飯事だ。顧客に会うことがスタートであるならば、そのスタートまで到達するだけでも日本と比較するとハードルが高い。

当社が活動しているベトナム国内のＢｔｏＢ営業を例にあげて説明しよう。大都会で知られるホーチミンだが、いまだ電車は存在しない。当然、タクシーなどの車移動になるが日本のように充実したサービスは期待できない。渋滞やスコールで時間の遅延要因は山のようにある。常にそういう環境なので、約束時間はあってないようなもの。前出のように日本では考えられないドタキャンも発生する。ところが、彼らには言い訳がたくさんある。

先ほどの渋滞やスコールだけでなく、不便な環境だからこそ言い訳がいくつもピックアップできるのだ。

また、営業担当に通訳も必須になる。英語ができる相手でも、やはり高度な越日の通訳が必要だ。そして、その通訳の手配も大変。ハノイでの商談にホーチミンから通訳を連れて行くには当たり前だが、コストがかかる。日程調整して、飛行機の手配もしなくてはならない。ひとつの商談がとても大がかりだし、コストがかかる。

当社が、こんな環境下で長年、営業活動、ビジネス活動をしてきて、自然と取り組んできたのがオンラインでの商談だ。私達は今のようなスカイプやクラウドサービスがある時代の前からオンラインでのコミュニケーションに取り組み続けてきた。当初は、ポリコムという世界トップシェアのテレビ会議システムを使っていた。どうだろうか？　日本人もベトナム人もお互いの利害関係が一致しているのが、オンライン商談なのである。実は、このような人付き合いの方がメリハリが利いている。合理的だが、とてもウエットな関係も築くこともできる。

一方、今の日本を見てみよう。すでに、ＩＣＴの目覚しい進展によりオンラインでビジネスをするには絶好のインフラが用意されている。しかし、日本の営業活動はなかなか劇的な変化はしない。なぜか？　最大の理由は営業という活動を旧態依然のままアナログ的なものとして思い込んでいるからである。営業は人間臭く、一生懸命汗をかいて（あるいは寒さに耐えて）、顧客に会いに行くものだ、と。日本の営業に対する顧客の期待感もここにある。そうでなければいけないという固定観念が染みついているのだ。海外からＩＣＴ活用という合理的視点から見て、いったんアナログの重要性を無視して考えてみる。すると、営業商談はオンラインで行うのがとても効率的で売る側と買う側双方に多大なるメリットがある。今のＩＣＴ活用のテーマの中でも、簡単に効果がでるベストの選択といえよう。この先将来は、売る側と買う側共にＡＩが商談するかもしれない。この点は未来の議論として置いておきたい。

さて、営業をオンライン化ですることが、日本のビジネススタイルを劇的に変革する起爆剤になりえるのである。単純なところからメリットを考えてみる。

・訪問先への移動時間が不要になり有効活用できる

・移動交通費が不要になる
・天気に左右されないため余計な苦労がなくなる
・交通手段のアクシデントも気にしない

さらにメリットとして次のような商談機会の質の向上を実現できる点もある

・同行者（オンラインでの）が柔軟に調整できる
・部下の商談を上司がいつでもフォローできる
・ＯＪＴの絶好の場でもある

そして、当社の体験から以下も大きなポイントとして考えている

・世界中どこからでも、商談ができる
・したがって、ビジネスが楽しいし、効率的
・アシスタントを連れていく必要がない
・通訳を連れていく必要がない

挙げだしたら、まだまだメリットはある。

では、ここでデメリットを考えてみよう。やはり、アナログ的な人間的魅力が損なわれるのか？　顧客もこちらも、社会全体がＩＣＴのメリットを享受して、オンラインですべての営業商談が進むようになれば、国の課題でもあるシニアの活躍の場の創造、テレワーキングの推進、在宅勤務の普及などすべてがつながって解決に向かうはずだ。では、差別化要素ともいえるアナログ的な強みはどこで発揮するのか？　それこそ、いくらでも工夫ができる。

何も営業商談の場面である必要はない。人と人がコミュニケーションをアナログ的に行い信頼関係を構築する方法はいくつもある。ゴルフでもよいし、スポーツでも飲み会でも社会貢献活動でもよい。顧客がそれでも、直接の面会だけを好むのであれば、そういう営業スタイルに特化した企業が生まれるだろう。ただ、それはＢｔｏＣの世界であって、ＢｔｏＢではありえないと考えている。なぜならば、企業活動の本質は常に合理化と効率化の追及であり、無駄の排除が原則だからだ。今時、ホームページを持たずにビジネスを行う企業が少数派であるように、オンラインで営業をしない企業がごく少数派になる時代が近づいている。アナログを大事にするからこそ、ＩＣＴを効果的に使うのだ。

オンラインを使うと、何よりも驚く人が多い。映像のスムーズさや、相手とこの場でコミュニケーションをとれることの新鮮さに改めて感動してくれる。そして、自ら一度体感するとさまざまな活用シーンが頭にイメージできる。「あんなことに使えるかも」という発想がそこから生まれ、やがてそれらが小さなイノベーションへと変容するものと確信している。「訪問しなければいけない」という思い込みがなくなった瞬間、アイデアが湯水の如く湧いてくる。思い込みの『壁』がなくなれば変化が速い。それは歴史も教えてくれている。

日本が世界に先駆けて、オンラインを駆使した人間味あふれるビジネス活動を実現し、世界のお手本になる絶好の機会である。世界から見て、「働きすぎ」「労働生産性が低い」と揶揄される日本。必ずしも、そういう論調が当たっているとも思わないが、もっとスマートに人間らしさを発揮してビジネスをすることには大賛成である。

私自身、オンライン商談を日本が世界にリードして広げていければと考えている。スマートでかつ人間らしいビジネスのお手本の国として日本が世界に存在感を示す絶好のチャンスでもある。

提言20

必要なものを売る商売と余計なものを売る商売

商売には私が思うに2つの種類がある。顧客に「必要なものを売る商売」と「余計なものを売る商売」。今の日本は後者が多すぎる。「人口減＝顧客減」の日本ではますます拍車がかかる。あまりに度が過ぎると「日本はこれでよいのか」と心配になる。余計なものを売るということは余計なものが氾濫し、使われないままタンスや倉庫に放置され、最後は地球のゴミとなる。物事には限度があって然るべきだが、残念なことに先進国で豊かな日本は、随分前から余計なものや無駄なものが溢れる社会になってしまった。もちろん、中古となってアジアやアフリカにおいて現地の生活に貢献していることもあり、すべてが悪いといいたいわけではない。しかし、それにしても日本の今の商売は企業がしつこ過ぎるぐらいに余計なものを売り続けている。私の幼少期は「もったいない」が身近に存在していたが、今となっては懐かしい話なのだろう。

一方、新興国や発展途上国中心のアフリカやアジアは必要なものを売る商売が全盛である。これが商売の原点であると思うし、何よりビジネスに後ろめたさもない。もしかして、顧客を騙しているのではないかと良心の呵責に悩む必要もない。ビジネスがシンプルで、良いモノが売れる。役に立つものが売れるだけだ。余計な策も弄しないし、商売も楽しい。仕事をしていて顧客の喜びを感じられる比重が日本よりも遥かに大きいのである。美味しいものを提供して喜ばれ、少し品質の良いものを提供して喜ばれる。こんなビジネスの楽しい場所が地球にはまだまだたくさんある。

例えば、日本ではほとんど使われなくなったハエ取り紙。若い人は見たことすらないだろう。しかし、かつての日本でも大活躍した商品だ。私の子どもの頃は、農家であったこともあり、身近にハエは当たり前のごとく存在した。台所中心にハエ取り紙が常にぶら下がっていた光景を思い出す。ハエ取り紙がぶら下がっている姿を見ると子どもの頃の記憶が蘇ってくる。そんなハエ取り紙は今も日本で製造しているメーカーがある。誰が考えても日本国内市場は限りなく小さい。

実は東南アジアへの行き来が始まった約20年前から私は『ハエ取り紙ビジネス』の可能性は感じていた。ただ、不思議なことにあれから時間は相当経過しているのに、いまだに東南アジアにハエ取り紙があまり見当たらないし、ビジネスをしている話も聞いたことがない。これだけ日本の昔と似ていながら、なぜなのか改めて考えてみた。これらの国は都会でも日本に比べたらまだまだ不衛生だ。とはいえ、田舎に行けば、日本の昔とそっくりの生活環境がそこにある。まさしく私がアジアセミナーで必ず話をする「ごはんにハエ」の環境だ。東南アジアの田舎は私が子供の頃に眺めた風景と似ている。今の日本から見るととても不衛生に感じるが、彼らは、実は私が思うほどには不衛生さを気にしていないのだろうか？　それとも、ハエ取り紙ですらコストが合わないのか？　そういう商売を誰も思いつかない？　実は私が知らないだけで、すでにメーカーも現地にあって当たり前に使われているのかも？

考えだしたらきりがないが、今のところは日本の昔と違ってハエ取り紙は現地の生活者にとって必要なものではないのかもしれない。しかし、段階的に衛生的な環境に改善が進むだろうことは予想され、そうなれば間違いなく、衛生をとても気にする時期が来るだろうし、ハエ取り紙かそれに代わる最新の類似商品は必要なものになると思う。色々と考えを巡らせてみるが、日本では市場がほぼ消えたといえるハエ取り紙ビジネスの市場は、地球規模で見たら無限大であることは間違いない。

実は色々と調べていくとハエ取り紙同様、日本ではすでに市場が消えている蚊帳もアフリカで拡大している。「日本人ビジネスマン、アフリカで蚊帳を売る」（東洋経済新報社）という本を読んだ。大企業の住友化学のアフリカでの蚊帳ビジネス奮闘記だが、舞台はケニアである。中小やベンチャーでもBOPビジネス（Bottom Of Pyramidの略。貧困層ビジネスのこと）ヒントにもなるし、アフリカなどの新興国市場の攻め方の勘所が満載だ。特にこの作品に縁を感じるのは、私自身が近い体験をしているからだ。日本とベトナムとケニアの連携におけるビジネスの構図の中で蚊帳ビジネスが展開されているからでもある。また、今の東南アジアビジネスと共通するところも多々あり、ビジネスの重要ポイントは的を射ている。

アフリカなどでは生死にもかかわるマラリア対策が深刻である。すでに無償供与も含めて、多くの蚊帳がアフリカで使われている。日本では使うことがほとんどなくなった蚊帳であるが、日本のメーカーだけでなく、他の外資や地元メーカーも含めて激戦を繰り広げている商売のひとつであることに驚く。必要なものが売れる典型例であろう。

では今後、爆発的なイノベーションを誘発するだろうICT関連はどうだろうか？

ICTの特徴は世界同時に拡大する可能性を秘めるテクノロジーである点だ。それだけに、アフリカなどでは日本人が知れば驚く使われ方やサービスが広がっている。特に携帯電話の普及には驚かされる。アフリカでの携帯電話の普及は、私たちの想像以上に速いし、低所得者層までも広がっている。携帯電話の普及は世界中で同時に進んでいるといっても過言ではないのである。しかし、先進国ではすでに携帯電話ビジネス（今はスマホビジネスと呼んだ方が正しいか…）は余計なものを売る商売に変貌している。ゲームを筆頭にさまざまなものに巧みに課金の仕掛けが仕組まれている。しかし、アフリカでは生活に必要なものとしてまだまだ普及の余地はあるし、新サービスが生まれるだろう。

まず最大のメリットは固定電話の代替となっている点にある。もちろん、貧富の差や国力や国の政策によって携帯電話の普及するタイミングには差があるが、現実的には、世界中どこでも固定電話を敷設するよりも、携帯電話は低コストで普及が可能だ。携帯電話が普及するとアフリカなどの途上国での生活は大きく変化する。固定電話もなく通信手段がなかった生活環境に携帯電話が登場すると日本では考えられない用途が生まれる。

もう1冊紹介したい。「アフリカ社会を学ぶ人のために」(世界思想社)だ。この本の中でとても興味深いのが、職探しと銀行のお金の引き出しや支払いにおける携帯電話の活用だ。ATMなど存在しないし、銀行口座を開設できない人たちは数多く存在する。そんな人たちに向けて、通信会社が携帯電話を使って送金サービスなどを提供している。

アフリカにおいて次に大きく普及するだろうと予測できるのが、インターネットを使っての生活シーンの変化だろう。まさに「水牛とスマートフォン」の世界である。また、日本で大流行りのドローンネタもアフリカでは尽きることがない。日本国内の宅配代わりにドローンという発想はとても貧困だし、ガラパゴス的でもある。そもそもそんなことになったら、日本の都会は空の景観が劣悪になり誰も住みたくはないだろう。日本でも交通インフラのメンテナンスなどには利用価値は大きいが、アフリカこそドローンの利用価値は最大化すると思われる。

商売の原点を忘れかけている日本人こそ原点回帰が必要だ。だからこそ、アジアやアフリカでのビジネスから学ぶところが数多くあると痛感している。

PART Ⅲ

日本人への提言

提言21

つながるアフリカは「茹でガエル」の日本を刺激する

２０１６年7月21日、私達としては初めてとなるアフリカに関連したセミナーを開催した（ＥＧＡセミナー～アフリカ編～）。前述したように、ＥＧＡは私が考えた造語であり、新興国でのビジネス推進を図る上で、従来のアジアのみならずアフリカもその範囲に加えた呼称として使用している。ＥＧＡへの支援サービス（ＥＧＡブリッジサービス）の第一段階として、まずアフリカビジネス情報の発信を目的にセミナーを開催したものである。今後はアフリカビジネスの可能性や現状について、人と企業とビジネスシーズに焦点を当て、ビジネスマガジン、ブログ、書籍、そしてオンラインセミナーという形で情報発信を展開していく予定であり、すでにその準備を進めている。

私達は現在、ウガンダ、ルワンダにおけるビジネス展開を準備している。ルワンダへの会社設立はすでに手続き済みであり、今後はウガンダへとそのすそ野を広げていく予定だ。セミナーでは、ウガンダに在住する2人に現地からオンラインにて講演してもらった。ひとりは、ＪＩＣＡに出向の形で海外青年協力隊としてウガンダに赴任して約1年半（２０１６年7月時点）の渡辺慎平。私達のスタッフのひとりだ。もうひとりは、WBPFConsultants.LTDの伊藤氏。ウガンダ現地で事業活動をされている。少々、通信回線の問題は発生したが、地球の裏側のアフリカからのオンラインセミナーは刺激的で感慨深いものがあった。

「こういう時代が来たんだ…。世界はつながるんだ…」

聴講者の皆さんも実感されたことと思う。特にベトナム人の友人が食い入るように聴講していたのがとても印象に残った。もちろん、電波メディアであればあまり驚きもあるまい。

例えば、ＣＮＮのような報道番組であれば、生中継は朝飯前。しかし、今回利用した仕組みはとてもシンプルなもの。最先端のＩＣＴの仕組みでありながら、利用料金は極めてリーズナブルである。テレビ局がアフリカから生中継をしようとする際のコストを考えてみればわかりやすい。

私達が使用しているツールはシャープ株式会社の子会社であるｉＤｅｅｐソリューションズ株式会社の「ＴｅｌｅＯｆｆｉｃｅ」。低廉な月額固定利用料金を支払うだけで、契約の範囲であれば、いくらでも使い放題。今回のオンラインセミナーが画期的なのは同社のサーバが日本にあるということだ。シンガポールやドバイにあるのではない。少し前までは、東南アジアのベトナムでもこういうオンライン形態でのサービスはとても品質が劣悪で、実用に耐えられなかった。今やすでに、地球のどこでも利用できるレベルにある。アフリカでここまでできるのだから間違いないだろう。

話は変わるが、先日、「アフリカに見捨てられる日本」（創生社新書）という刺激的なタイトルの本を見つけた。初版は約8年前の本なのだが、その内容はかつての東南アジアを見ているようだ。東南アジアでＮＡＴＯ（ノー・アクション・トーキング・

オンリー）と揶揄され続けてきた日本人。いつも相手国に期待させはするが、なかなか行動に移さないので『口だけの国』と言われるようになる。今もベトナムでもこの傾向は変わらない。爆発的にベトナム人気が日本でも高まっているが、世界中が同時にそうなのだから、相対的に日本のＮＡＴＯはあまり変化がない。この本を読んでいて、どれだけアフリカの声が日本に届いていなかったのかということを改めて痛感した。アフリカも以前から日本に来て欲しいとラブコールを送っている。もっと、日本人にアフリカのことを知って欲しい願っている。今からアフリカビジネスに本格参入するのが、私自身は遅いとも早いとも思わない。今、この時点こそベストタイミングだと考えている。

そんな中で、アフリカと実際にオンラインでつないでみた。つなぐとわかるが、アフリカがとても身近に感じる。思い起こせば、私の海外ビジネスは26年前から始まった。当社を設立する数年前に勤めていた神戸にあった小さなＩＴエンジニアの派遣会社の体験が今も自身の原点となっている。その会社では入社前の約束通り、ＩＴビジネスの部署を任されるようになった。ただ、約束と違うことがひとつあった。それは、部下が日本人ではなく、全員アジア人だったことである。後に、日本人の部下がひとりだけ増えたが、1年以上、外国人との仕事である。マレーシア人3人と中国人2人がメンバー。マレーシアの3人との関わりで、イスラム教の生活様式を間近で感じた。タイムテーブル通りに祈りを捧げる。打ち合わせより祈りが優先だし、もちろん食べ物にも気を使った。中国人との付き合いは生活習慣の違いはあまり感じなかった。しかし当時、中国では天安門事件が勃発する。当時の社長は翌年には中国人を20人採用すると豪語していた。必然的に私が面倒を見ることになっていたのだ。ところが天安門事件により、すべての計画は白紙になった。自分の働く場や人付き合いの中で、外国の出来事が影響する体験を初めて実感することになる。ただ、その当時は、今のような情報社会でもなく、まして情報統制もあり、その後の中国の様子はしばらくは中国人の友人からしか伝わってこなかった。

また、ブレインワークスを創業してしばらく経った頃、ユーゴスラビアからインターン生のＩＴエンジニアを受けて入れていたことがあった。好青年で社内でも人気があった。皆が東欧に関心を持つキッカケもつくってくれた。ところが、任期満了前に帰国することになった。理由は徴兵のためだ。当時、ユーゴスラビア紛争が勃発したのだ。彼の明るい笑顔と紛争という暗い影。対照的なふたつの光景を目の前にして、複雑な気持ちのまま東欧が身近に感じたことを今でも思い出す。

ウガンダに5月に初訪問して以来、少しずつではあるがアフリカの事情が見えてきた。こちらがメッセージを発すると情報は集まってくるものである。特に、隣国のルワンダは今、ＩＣＴ立国として、国の基幹産業の発展に力を入れていることを知り、会社設立を決めた。そのルワンダも私の記憶の片隅にはその国名が残っていた。約22年前となる１９９４年4月、世界を震撼させた大虐殺が発生した国である。１００日間で約80万人が犠牲になった。関連する本を読んだり、映画も見た。映画は感動的ではあるが、それはこの大虐殺の一部分を切り出したものに過ぎない。まだまだ、ルワンダのことを理解していないのが実状だ。

私が神戸で創業したときに阪神大震災が発生した。ひとつだけ言えることは、その震災の少し前にルワンダでは世界的な大惨劇が起こっていた。なぜその当時、知ることができなかったのか？　私が無関心だったからだろうか？　日本では、情報が流れていなかったのか？　日本のメディアはどのように報じていたのだろうか？　その時に、アフリカの友人がいたらどうだっただろうか？　仮に今の情報社会だったらどうだろうか。少なくとも今は世界中に情報が伝わる時代だ。フェイスブックで拡散でもしていたら、結果は変わっていたのではないだろうかと思ってしまう。

今でも世界は紛争だらけである。貧困な生活で食料も足りない人が驚くほど膨大に存在する。日本にいたら常に平和を実感できる。平和すぎて余計なストレスが溜まる社会である。こんな国のこんな人々を相手にしたビジネスは、気づかぬうちにすべてがガラパゴス化に向かっているのではないだろうか。私自身とても心配になるが、それは老婆心が過ぎるというものだろうか。少なくとも東南アジアやアフリカから日本を見ている人たちは私と同じ考え方が多い。

情報は伝わるようで伝わらない。今のようにＩＣＴインフラで世界中がつながる時代でも無関心でいることはできる。しかし、変化を望み、地球の未来を考えたビジネスに取り組むのであれば、アフリカとつながるのが一番良いと今は確信している。いきなりアフリカに訪問しようという意味ではない。実際に行動に移すのはとても労力がいるし、少しの勇気が必要だ。百聞は一見に如かずとはいうが、一見の前の一見が今は容易に可能だ。そのひとつが、アフリカの現地からのオンラインでのセミナーであった。教育だってかなりの部分がオンラインでできるだろう。それに加えて、進出計画の有無にかかわらず、現地の人材を短期でもよいから受けて入れてみるのもよい。仮にICTの事例でいえば、東京のど真ん中のオフィスの日本人だらけの開発ルームにルワンダ人と仕事するなんてどうだろうか。これだけでも、社員の刺激になるし、意識も変わるだろう。ルワンダのたった22年前の悲劇も自ら知ろうとするだろう。

物理的にはアフリカは遠い。だからこそ、これからはオンラインをダイナミックに活用し、「身近なアフリカ」にしていくことに大きな意義を感じる。人と情報がつながる時代はオンラインのプラットホームに乗れば、限りないイノベーションが起こせるはずだ。私達はその仕組みづくりに奔走したい。

提言22

知られざるメコンデルタの有力地方都市カントー市をＩＣＴの集積地へ

２０１６年７月上旬、ＩＣＴ関連企業の友人とカントーを訪れた。カントーはベトナム南部に位置するメコンデルタの中心都市であり、人口は約１２０万人。メコン川に隣接するカントー市はホーチミンから南西約１６０キロに位置する。チベット高原を源流とするメコン川は、中国雲南省を経て、ベトナムでは９つにわかれ、それゆえ九龍川（クーロン川）とも呼ばれている。カントーはその最大の支流であるハウザン川の南西岸にある。ハウザン川は農村部と都市部を結ぶ水運の中心となっており、人々は水上マーケットで暮らしの生計を立てている。この水上マーケットの風景は見る者に「生きることとは何か？」を改めて教えてくれる。

カントーは日本人にとっては知られざる地方都市であるが、私達は縁があって、支店を開設している。ＶＣＣＩカントー（カントー商工会議所）の日本側のカウンターパートを担い、日越経済文化交流促進のサポートもしている。その一環で、２０１５年11月に第1回となる「日越文化・経済交流フェスティバルinカントー」を開催した。私達が実行委員にとなり、ビジネスマッチングやステージイベントの企画を担当する。２０１６年以降も年中行事として開催していくことが決定している。

私が、初めてカントーに訪れたのは今から約6年前のことになる。仲の良いベトナム人の友人に誘われて、カントーに初めて行った時の印象は今でも鮮明に記憶に残っている。まだ、ホーチミンから中継都市であるミトーまでのハイウェイもなかった頃である。車で4時間以上はかかった。カントーに入る寸前に、突如として巨大なカントー橋が目に飛び込んできた。日本のＯＤＡで建設した橋だが、日本の土木技術の粋を結集して建設した橋の雄姿に感動した。日本人にとって、このような建造物は貢献が実感でき、特に感慨深い。

メコン川に架かるこの巨大な橋を超えるとカントーに入る。

カントーは近隣でいえば、隣国カンボジアの首都プノンペンと雰囲気が似ている。

2つの都市ともにメコン川に隣接しているし、生活様式がとても似ていると感じた。このあたりは国の違いよりも、気候風土の違いの方が人の気質や生活様式に対する影響が大きい。カンボジアとベトナムの2つの国は、遠い日本からの印象ではまったく違う国のような印象があるが、メコン川流域の都市という視点からはよく似ているのである。人口も近い、この2つの都市を比べるとカントーの未来の姿が見えてくる。

今のカントーは10年以上前のプノンペンに似ている。その頃のプノンペンは高層ビルがようやくひとつ、ふたつ建設が始まったばかりだった。その後、リーマンショックを経て、今やプノンペンは空前の建設ラッシュに沸いている。建設インフラがいったん整いだすと、一気に街の風景は変わる。一方で地元の生活自体は急激には変わらない。しかし、大抵の人は建設物の変化で都市化を感じる。現時点ではカントーに高層ビルの建設の気配はまだない。しかし、今回のカントー訪問では、その胎動を感じとることができた。都市化も着実に進むだろう。

その根拠は「ビンコムセンター」が進出し始めている動きを見たからだ。ホーチミン、ハノイなどの大都市中心に展開している大型商業施設である「ビンコムセンター」が

2016年9月にオープンする。私が訪問した際は急ピッチで建設が進んでいるところだった。すでにベトナムのポピュラーなスーパーマーケットチェーン「コープマート」などはあったが、「ビンコムセンター」がオープンするとなると街の彩りも大きく変わり、都市化は加速するだろう。

今回の訪問の目的は、11月に開催予定の「第2回 日越文化・経済交流フェスティバルinカントー」の打ち合わせのため。それに併せてVCCIカントーとカントー大学、そして現地のICTベンチャー企業などを訪問した。VCCIカントーでは旧交を温めつつ、いつも以上に豪華なレストランでの夕食で歓待を受けた。「今年もたくさん日本人を呼んできて欲しい」と語るVCCIカントーの方々は本当に日本人と日本企業のカントー入りを期待している。

「日本人や日本企業にたくさん来て欲しい」。こんな声は、今やベトナムのあちこちの地方都市でもよく聞く。しかし、なかなかカントーまで出向く日本人は少ない。実はビジネスの将来性でも人材の宝庫という意味でもカントーの魅力は数多い。その中でも特に人材の宝庫であるカントー大学は卓越している。カントー大学はベトナムの地方大学としては最大の国立大学である。水産、農業、工業、情報工学など13学部を擁しており、学生数は約4万人にのぼる。2015年で開校50周年を迎えた由緒ある大学である。キャンパスにはメコンエリアの13省からの記念植樹が植えられており、メコンデルタを代表する大学であることを実感する。

副学長との面会で、カントー大学の魅力と強みを色々と教えていただいた。日本の大学とも連携しており、そのつながりも強固である。さまざまなイノベーションの創出も期待できそう。副学長はベトナムのどこよりも早く、ICTを導入したと力説していた。実際、案内された図書館は、日本の大学と見間違うほどの近代的な設備だ。パソコンは400台が常設されており、赤で統一された椅子とのコントラストが抜群に良い。本の貸し出しも、もちろんICTを活用し、管理されている。

メコンデルタ地域の主要産業は、農業、水産業などの第一次産業である。そして、食品加工や肥料メーカーなどの製造業がそれに続く。人材の宝庫でありながらICT産業はホーチミンやハノイが本場であり、カントーではまだまだ未成熟である。しかし、それは今現在のこと。将来の可能性はとてつもなく大きいと感じる。すでにベトナム国内のＩＣＴ分野におけるトップ企業であるＦＰＴソフトウェアがカントーでも積極的に人材教育・活用を狙って、活動を開始しているという。

同日の午後に訪れたＩＴベンチャー企業の社長との面談は本人の日程が合わず、香港からのスカイプ会議。日本人のサポートを受けて設立したこの会社はスタッフがとても礼儀正しい。社長はカントーの街をＩＣＴ産業の集積地にしたいと熱く語る。

私はすでに何回もカントーは訪れていて、カントー支店も開設している。２０１６年内には和食レストラン「ＥＮＩＳＨＩ」をオープンする予定だ。段階的に日本企業の誘致や日本人の訪問増につなげていけたらと活動している。

そんな中、今回の訪問で強く感じたことのひとつは現地におけるＩＣＴビジネスの胎動だ。こういう未開の場所でＩＣＴビジネスはどうあるべきなのだろうか？　ひとつは他の国でもそうであるようにオーソドックスに雇用の創出であろう。そして、若手起業家の成長のためのオフショア開発は有望だ。私達は約20年前にホーチミンでＩＣＴビジネスをスタートさせた。その経験からすると、地方都市であるカントーはＩＣＴ人材の宝庫であると感じている。

だが、今回特に実感したことは現地の地場産業の発展や人材育成の機会として、ICT活用が地元の有力者の視野に入ってきたということだ。お付き合いの長い、VCCIカントーのユン所長が「農業や水産業にICT活用を考えている。その領域で日本と組みたい」と力説されたことに正直驚いた。長いお付き合いの中で、なんどもICTについても議論の中にはあったが、今回ほど熱く語られる姿を見たことがなかった。第一次産業の発展は、工業化に並ぶぐらいのベトナムの重要な課題である。これも最近のベトナム人経営者の共通認識となってきている。そして、第一次産業が中心であるがゆえに地球温暖化対策への問題意識も高い。だからこそ、農業だけではなく、環境対策にもICTを活用したいと述べる。そして、この分野で日本と組みたいという。日本人としては、ここまで期待されるととても嬉しい話なのである。

私は「水牛とスマートフォン」の話をセミナーなどの機会ですることが多い。もちろん、日本には最先端ICTは存在する。しかし、水牛の環境、つまり現場がないのだ。カントーで日本がこれから期待されることは「水牛とスマートフォン」の感覚で、ビジネスを具体化していくことだろう。そのためにも日本が水牛の現場に出ていかなければ、何も始まらない。

今回のカントー訪問では農業の発展や環境対策を目的とした地元産業の創出のためのICT活用がトリガーになり、将来のICT集積都市になりえる予感がした。そして、カントー大学との連携による産官学のビジネスモデルを生み出せる可能性も感じた。

提言23

地方と海外と在宅がつながる時代

少子化や高齢化が加速度的に進む中、地方は過疎化が進み、深刻な状況にある。地方経済が疲弊し、都市部への労働人口集中が進む。そして、ますます地方の過疎化に拍車がかかる。このような悪循環を断ち切れないままでいる。しかし、ICT活用によりその状況を打開できるのではないか。例えば、徳島県神山町のような取り組みもある。徳島県は知事のリーダーシップのもと、積極的に情報通信環境を整え、神山町という限界集落でICT企業の誘致に成功している。この取り組みは、他の自治体も注目している。東京のICTサービス会社が徳島県の古民家を借り上げて、事務所兼社宅にし、仕事を進めている様子がマスメディアで取り上げられたこともある。東京の洗練されたオフィス街で仕事をするよりも、緑豊かな自然に囲まれた中で仕事をする。共同生活の中で社員同士の一体感も生まれているという。

同じ徳島県に「葉っぱビジネス」で町が蘇った例がある。人口わずか2000人で高齢者比率47％に達し、総面積の約90％が山林の小さな町である上勝町だ。そこでは、料亭や寿司屋で飾りとして使われる「つまもの」の葉っぱを採取し、出荷する葉っぱビジネスで全国シェア8割を占めるほどの躍進を見せている。葉っぱの出荷農家は190世帯で平均年齢は70歳。主力は手先の器用なおばあちゃんたち。誰もが防災用の無線を利用したFAX、高齢者用に工夫されたパソコン、農協への連絡用の携帯電話を使いこなしている。

このようにICTを有効に活用できれば、地方にいながらでもビジネスに関わり続けることができる。インターネットさえあれば、テレビ会議ができる。商談もできれば、関係者同士の会議もできる。都市部にわざわざ移転しなくても地方でテレワークで業務を遂行することも可能だ。そして、日本国内だけでなく海外とのビジネスも可能になる。

私は、常々地方こそ海外ビジネスを積極的に行うべきだと言い続けてきた。どの地方も経済活性化のために、国内市場だけで戦おうとする。地方同士で、限られたパイを奪いあっているだけに過ぎない。

レッド・オーシャン（競争の激しい既存市場）の中で戦うよりも、成長著しい東南アジアを含めた新興国にも目を向けるべきである。彼らは、日本企業が進出することを望んでもいる。そこにはまだ誰も気づいていないブルー・オーシャン（競争のない未開拓市場）が見つかるかもしれない。

よく、国内の地方都市が東南アジアの首都圏、例えば、ベトナムのハノイやホーチミン、タイのバンコクなどと連携しようとするが、それは釣り合いがとれない。東南アジアの首都圏は未来の東京と呼ばれるくらいの勢いで急成長している都市だ。それよりも、東南アジアの地方都市と連携をはかるほうがより効果的だ。地方同士だから親和性は高い。農業であれば、六次化を促進し、海外の地方都市からインバウンドを推進する。国内の地方と海外の地方の距離をＩＣＴで縮めることは可能だ。

地方で家にいながら、海外とオンラインでつながる。そこに、地方が今後目指すべき姿がある。ぜひ、このことを地方の方々は考えてもらいたい。

最後に海外と在宅がつながる事例として、私達が推進しているCAMS（キャリアマザーズ）の仕組みを紹介したい。CAMSは働く母親を中心に、仕事の機会の提供をサポートするICTを使った仕組みである。何かの事情で在宅でなら働くことができるという女性は多い。この労働力を活用することはこれからの日本の至上命題でもある。また、海外駐在を共にする女性も多い。当社は日本企業と海外企業の橋渡しビジネスを積極的に行っている。特に中小企業の場合だと、通訳の問題は海外ビジネスの大きな障害になることが多い。私達自身も海外でビジネスを行う際は、通訳を如何にタイムリーに適正に配置するは大きな課題であり、数年前からオンラインで通訳が商談などに同席するスタイルを実践してきた。今後は海外や日本の在宅のCAMSスタッフを中心に、語学スキルを活かしてもらい、オンラインで通訳として活躍してもらう仕組みを整備していく予定だ。まずは注目度の高い東南アジアエリアにおいて本格的なサービスを開始する準備を進めている。

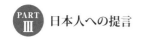

提言24

『全自動洗濯機』がなくても『洗濯』ができますか？

日本だけで生活をしていると、ついつい麻痺してくるが、こんな便利すぎる国は他にないとつくづく実感する。私が社会に出てからのこの30年間で、ビジネスや生活のあらゆるものが自動化されてきた。子供の頃からすれば、電車にＩＣカード1枚で乗車できることなど、夢のようで考えられないことだ。

この数十年におけるＩＣＴ技術の進化に関するものだけでも枚挙に暇がない。特にスマホは代表例。便利といえば便利だし、私自身もスマホ生活にどっぷり浸かっている。

今の時代、先進国の大都市であればこの利便性はどこも似たり寄ったりだろう。世界の中でも日本のそれは群を抜いていると思える。日本を初めて訪れる人の感想と印象を聞けばすぐ理解できる。「美しい、優しい、綺麗、便利」である。彼らの日本の良さを語る中に必ず登場する言葉が「便利」だ。私は便利と褒められても必ずしも嬉しくはない。

日本人の異常なまでの便利さへの要求がこの国の利便性に対する飽くなき追及を生み出している。日本人は海外経験がなくても、日本が便利な国であることは理解している。このままでは、なんとなく良くないことも理解はしている。便利さを追求し、資源の無駄遣いも実感している。それに加えて衛生的すぎる日本の弱点も今や大抵の人が心配していることのひとつだ。だが、変化を嫌う日本人、本音をはっきり言わない日本人、右へ倣えの日本人である。付和雷同型の日本人だからこそ、わかっていても誰も声高には叫ばない。日本人らしく、わかっていてもそのまま流されていくだけだ。「ＩＣＴ革命」と世間でも騒ぎ出している。そろそろ、田舎のおじいちゃんたちにも浸透する頃にきているか。実際にＩＣＴが見えないところで人々のいたるところに入り込んできたようだ。ますます生活環境における自動化は加速するだろう。必要な人にとっての自動化は大歓迎である。

一方、そうでないことも多すぎる。私は、たまたま農家出身だったこともあり、小学生ぐらいの時から洗濯は自分でしていた。というよりも、させられていただけであるが・・・。

今から約40年以上前の洗濯機は、脱水機はなく手でローラーを回して、それに洗濯物をはさんで脱水していた。洗濯で何が嫌だったかといえば、寒い冬の日の作業だ。今みたいに屋内にはない。吹きさらしの中、凍るような冷たい水で洗濯していたのを昨日のことのように思い出す。そんな傍ら、洗濯機では落ちないような農作業の土の汚れなどは母親が井戸水で手洗いで洗っていた。そんな光景は現代においても地球規模で見れば世界の至るところに存在する。アジアやアフリカの農村がそうだ。全自動洗濯機は水道と電気がないと稼働しないのであるから普及している訳がない。まだまだ電気がない地域はたくさんあり、全自動でなくても電化製品すら使えない。世界の人口のうち、いったい何割の人が電気を使える生活環境にあるのだろうか？　そんなことをよく考える。

洗濯機の事例を出したが、これと似たようなことは世界中に転がっている。つまり、全自動洗濯機でしか洗濯したことがない今の若者は、今のそれに比べたら操作が複雑な20年ぐらい前の普通の洗濯機ですら使えないかもしれない。当然、手洗いなどはできないだろう。もっとも、日本国内で手洗いが必要になるときは大災害が発生したときくらいであるが…。便利すぎると、本来は人間ができていたことができなくなるのである。自動化は便利な反面、人間を退化させる諸刃の剣ともいえる。

先進国の日本が、世界に通用するイノベーションを起こすには、便利すぎる国で生活していることはとても不利である。私のおすすめの本のひとつが「イノベーションは新興国に学べ」(日本経済新聞社)だ。この本の冒頭部分に『電気を使わない冷蔵庫・ミティクール』の話が登場する。5億人以上が電気のない生活をしているインドの発明家の話である。土で作り、水をしみこませることによって気化熱で周囲より温度が下がる。こんな仕組みのようだ。ミティとはインド語で「土」を意味する。アフリカまでいかずとも、蚊帳で生活している人も数多くいる。日本で見ることはなくなったが、ハエ取り紙のビジネスがいくらでも成功しそうな場所はある。

かつて日本で活躍した製品が再び脚光を浴びるステージはいくらでも存在する。これはちょうど、BOPビジネスの領域と重なる部分が多い。一昔前までは、NGOや

ＮＰＯが主役の領域だったが、今はＢＯＰビジネスも世界のいたるところで広がりつつある。すでに主流のビジネスとして認知され始めているのだ。一方、ＩＣＴが世界中で普及する時代でもある。驚くべきスピードで広がっている。上手にＩＣＴと絡めていくとＢＯＰ分野のイノベーションも爆発的に増えるだろう。あらゆるものが自動化されつつある世界でのＩＣＴ活用と、ほとんどが手動的な場所でのＩＣＴ活用。これを比較研究していきたいと考えている。私達がアフリカのルワンダにＩＣＴ拠点を設立したのは、これが最大の目的である。

最後にもうひとつ付け加えたい。私の体験において最も変化を感じている電話についてである。もちろん、メールも含まれた通信手段のことを指しているが、私が働き出した頃は、携帯電話は存在していなかった。今や化石的存在となった「ポケベル」を長年使っていた。基本は、オフィスの電話か公衆電話。名刺入れにはテレホンカードが常に常備されていた。今はどこにいても世界中で仕事の相手と連絡が取れる。何が便利になって何が退化したか？　私は便利になったと感じているひとりではあるが、その反面、人間の仕事スキルの退化が続いていると思っている。コミュニケーションスキルの低下、段取り力の退化などが顕著だ。駅での待ち合わせひとつで考えてみてもわかりやすい。遅れそうになっても、昔は連絡の取り様がなかった。また、オフィスを出るまでにすべての準備を済ませないと、あとで、あれこれ補足はできなかったのである。今は、電車の移動中でもフォローができる。私も実際そうすることも多い。

これから先、ＡＩが仕事の現場に登場し、ＩＣＴの自動的なアシスタントが当たり前になっていくだろう。だが、絶対に失ってはいけないのが、人間らしいコミニケーションのスキルであり、相手への思いやりである。特に海外からはその点が日本に対しても期待されている。いつまでも、人のことを慮り、チームワークを重視する。空気を読める日本人と仕事したい人が多いのだ。起こりうる自動化の弊害も知っていて、それを克服することは仕事スキルとしてこれからのＩＣＴ時代、特に必要である。これを私は『アナログ力』と呼んでいる。

提言 25

もし、アジア人が自分の上司だったら

天下のシャープが台湾のホンハイ（鴻海）の傘下に入ることが決定し、2016年8月にその手続きが完了した。海外でも注目されているニュースのひとつだ。私にとっても、やはり衝撃的だし、日本人としては感傷的になってしまう。シャープの不振がメディアを賑わして、すでに数年が経つ。JALも然りだが、経営環境の激変に企業経営の寿命による宿命が重なっての苦境だろう。JALは、国が支援して再生した。シャープもこのパターンかと、私もなんとなく日本人としてかすかな期待があった。なぜ、台湾の急成長の企業ではなく、国の再生支援に少しでも期待していた自分がいるのだろうか？

根底にはふたつの理由がある。ひとつは、やはり世界でも奇跡的ともいわれた戦後の大復興の象徴であり、いまでもアジアからリスペクトされる日本企業の代表選手であるシャープである。特にテレビを世に送り出した第一人者の家電メーカーとして、ひとりの生活者としても愛着がある。そして、それが日本の文化や誇りとも重なるところもある。もうひとつは、巷のメディアでも頻繁に取り上げていた技術の流出に対する懸念である。しかし、こちらの理由に関しては私の思考回路に矛盾があった。感傷的な部分が大きすぎたのだろう。

私達は中小企業のアジア進出を支援する立場だ。技術流出の心配をするよりも、信頼できる現地パートナーとの協業で変革を起こし、ビジネスを創造する時代であることを常に公言している。ビジネスの世界でいつまでも競争優位をキープしつづけられる技術は存在しないと思っている。最先端技術にも必ず寿命がある。現に中国や韓国はすでに日本の優れた技術は数多応用、活用されている。一部には非合法で流出した部分もなくはないだろうが、ビジネスのルールにのっとって、売却、移転などが行われ続けている。日本の秀逸なエンジニアが中国や韓国企業に請われてきたのは最たる例だ。世間で言われているように、仮にシャープの液晶技術が極秘ノウハウだったとして、同社がこれを頑なに守ることが再生の道ではないはずだ。

時代は激変している。テクノロジーの進化も日々加速する。シャープの問題は、時代の変化に適応できていなかったことだ。これからの喫緊の課題は新たなるイノベーションが連続的に実現できるかにあるだろう。これが達成できるのであれば、アジアの新興大手企業の傘下であろうが、日本国籍の企業であろうが、本質的には関係がない。まして、企業の機密を保持することはとてもやっかいで困難な時代だ。同じ企業グループ内で、日本側から台湾側に機密が流れることになる。ただし、その心配ばかりすること自体がナンセンスだろう。これからは、ホンハイ&シャープ連合で機密保持をハイレベルで実現することも、新たなる企業連合の存続にかかわる重要事になる。

そんなこと考えながら、アジアビジネスを提唱し始めた頃のことを思い出した。私は10年以上前から、本格的なグローバル化の時代は特にアジア企業とのビジネス連携は必然であると提言してきた。そして、自分の上司がアジア人になる確率が日増しに高まっていると述べてきた。だから、アジアの人たちと付き合うためのグローバル対応が必要不可欠だとも話をしてきた。英語ができる・できないは関係ない。自分より仕事ができるアジア人が自分の上司になるのはまったく不思議ではない時代なのである。シャープの事例で考えてみたら、企業経営の構図上、全員がホンハイの経営陣の部下になったようなものだ。しかし、働くことの本質でいえば、上司が変わろうが、会社が変わろうが、国が変わろうがそもそも関係のない世界である。

私はアジアでビジネスを始めた20年近く前から、いつか日本の新卒の若者が、アジアの現地企業にダイレクトに就職することが当たり前になると考えてきた。まだ、劇的に変化はないが、すでに予兆はある。ベトナムなどでもインターン生が増えつつある。私達もベトナム現地でのインターン受け入れを10年以上前から率先して実践してきた。しかし、私達自身も日系企業である。このインターンもいずれは、現地日系企業ではなく現地の企業、つまり、ベトナムならベトナム国籍のベトナム人が社長の会社で行うというケースが増えてくるだろう。そういう動きと併せて、就職活動はアジアでしかも現地企業のみが企業訪問の対象という就活中の学生に巡りあうことに期待している。

日本人が『内向き志向』と言われて久しい。「引きこもり」とも言われている。シャープのような事例はこれからも必然的に増えるだろう。しかし、このようなパターンは受け身的なグローバル化だ。時代は劇的に変わりつつある。これからは個人レベルでの積極的なグローバル化が不可欠だ。若い人は特に「自分の上司がアジア人だったら」を当たり前に思える時こそが、本当の意味でのグローバル化の土台ができたと考えてもらいたい。

提言 26

AI時代にシニアの価値は失われるのか？

課題解決型先進国の日本。これには2つの意味があると考える。ひとつは、過去の問題を克服してきた結果としての今の日本の価値。もうひとつは、超高齢化社会の進行の中、これから課題を解決していくだろう今後の日本への期待感。いずれにしても、今のシニアが主役であるのは間違いはない。かつて、社会問題や環境破壊、農薬の問題などを起こしてきた日本は、今では、高品質で安心安全の商品やサービスを提供できる先進国であり、世界のお手本となっている。また、急激な工業化の推進の結果、甚大な公害や環境破壊をしてきた過去を克服し、今や世界で環境立国日本としてのプレゼンスも発揮している。過去のさまざまな課題を解決してきたからこそ、価値があるのである。今伸び盛りのアジア諸国、そしてこれからはアフリカなどの新興国、発展途上国が日本に学びたいと考えている。日本人としては誇りでもあり、嬉しいことだ。当然、アジアやアフリカなどの新興国では戦後の日本の歩みと結果が中国や韓国など他の外国勢と比べてもビジネス的なアドバンテージにもつながっていくだろう。

この期待に最大に貢献できるのは、しばらくは今のシニアであるのは間違いない。日本の過去（昔）を知っていて、改善のプロセスの実践者という意味では今のシニアの価値は絶大である。ところで、シニアの価値といえば、人脈、経験、仕事のノウハウなど、このような言葉が想起される。実際、今の日本国内でも、おそまきながらではあるが、アクティブシニアを新産業の創造や既存ビジネスの活性化の起爆剤にする動きが官民挙げて盛んになってきた。私の周辺でも、77歳を超えてなお起業する方や若手ベンチャー起業家のサポーターとして活躍する方も多い。また、アジアやアフリカで活躍されているシニアも想像以上に多い。彼らとの出会いはいつも驚きの連続である。ここ10～20年は、ますますシニアの活躍の場が増えるはずだ。そして、社会性の高いビジネスに関わったりや新興国の発展に寄与したり、今の国内とこれからの国外のシニアビジネスそのものに貢献するケースが数多く登場するだろう。

ここ数年で急速に進行するＩＣＴ革命の中、劇的に変化するであろう、これからのシニアの役割と活用の意味を考えてみたい。シニアを「今のシニア」と私も含む「未来のシニア」の２つに分けてみたい。まずは、今のシニアであるが、ＩＣＴがますます進化し、生活圏にロボットが当たり前のように登場し、ＡＩがホワイトカラーの領域まで取って代わろうとしているこれからの時代、今のシニアの価値はいつまで続くのだろうか？　特に最近、シニアで現役バリバリの方と仕事することが増えたので、なおのこと複雑な心境でもある。今のシニアの価値を十分活用しきる前に、賞味期限を考えるのも変な話だが、現実には、今一番アナログ的なシニアがＩＣＴ革命の影響を一番受けるだろうことは間違いない。単純に考えてみても、シニアの持つ人脈や経験、仕事のノウハウなどの知的資産は、いずれはＡＩとＩＣＴに置き換わってしまう最初の候補ともいえるだろう。今のシニアの知的資産は、時代背景から考えてほとんどが『記憶』であり、それは頭の中にしか存在しない。「経験と勘と度胸」といわれる暗黙知であろう。

現代では、暗黙知はさまざまな工夫で形式知に変換できる。実際に大企業などでは当たり前に導入されている。形式知になると記録された情報としてコンピューターが扱うのが得意な領域になる。そしてさらに、シニア個人の持っている情報や経験をつなぐことで知的資産の価値を増大できる。また、最近流行のビッグデータ化が実現すれば、たちまちシニアの知恵のビッグデータができあがる。このように考えれば、AIが進化し、仕組みが整備されるまでは時間が必要で、自由自在に活用できるのは早くて10年、遅くて20年先だろう。だから、日本のシニアの知的資産の個人としての賞味期限は最大で10〜20年前後までということになる。

仮にすぐに情報化するとしたら、すでに1000万人を超える記憶中心のシニアの知恵の蓄積は膨大なコストと労力が必要である。しかし近い将来、個人の記憶のまま知的資産が消えてなくなる前に、日本の過去の課題解決型先進国としての貴重な財産として、残しておくべき特別な価値が私はあると思うし、国がなすべき課題でもあるだろう。

もうひとつ、未来のシニアについても考える。私達がシニアになる十数年後には、もはや人脈や経験、仕事のノウハウなど知的資産を個別に持つことはそれほど特別な価値を持たず、ほとんどが情報化と蓄積化が進み、ＡＩとＩＣＴがその仕事の大半を行っていることになるだろう。シニアの知的資産のほとんど全てがクラウド上のノウハウデータベースにあり、データマイニングとＡＩで世界中どこの人でも、共有の知的資産として言語関係なく自由に引き出し、活用できる。そして、それは、ほぼ自動的に未来永劫蓄積・醸成されていく。こんな仕組みが当たり前のように利用できる時代が到来する。

例えば、ある40歳の大企業所属の部長をイメージしてみよう。近い将来のある日から、彼のビジネス活動の履歴やノウハウ、人脈などの情報が自動的かつ継続的に蓄積されていく仕組みが登場する。今でも部分的にはすでにそうなっているし、そういう仕掛けは私達の身の回りに日増しに拡大している。ビジネスの行動履歴や読んだ書籍などはすべて蓄積されるかもしれない。書籍などは私としては、自動的に記録してほしいと思う部分もある。

今でも人脈はすでにＳＮＳの中にある人も多い。いわば、日常生活を普通に過ごしながら、人生の履歴書ともいえる活動履歴や仕事などで知りえた情報を自動的または意図的にストックしていくとする。そして、彼がいずれシニアになる。仮に今はストックするだけで使う仕組みや機会が少なくても、25年後のシニアになる頃には、今よりさらに進化したICTの仕組みが存在する。つまり、AIが判断して、自由自在に世の中に役立つ用途に合わせた活用ができるはずだ。AIが知的資産の活用を自動的に考えていても不思議ではない時代になるだろう。自動的に蓄積された情報をAIが判断し、最適な活用を促してくれる。

こんな世界になれば、いったい人間はどうなるのだろうか？　いつか、人間はAIに支配されるのだろうか？　AIが流行の今、こんな心配が世間に広がりつつある。今のシニアよりも、未来のシニアの方がよほど深刻な事態に見舞われる。なぜなら、すでに述べたが、今のシニアは今のままでも社会や経済に貢献できる部分がたくさんある。これからのシニアの時代には人脈と経験などは特別な魅力にはならない。なぜならば、それはAIやICTの仕事に置き換えられていくからだ。シニアが記憶に頼り、数千人の人脈マップを検索する必要もない。活動履歴を残していれば、このシニアの経験とノウハウにマッチする企業を探し出すことなどいともたやすいことだ。

では、ＡＩがどれだけ進化しても人間にしかできないことは何だろうか？　個人の知的資産はすべてクラウド上にある時代にシニアの価値とは何か？　予測しがたい未来のＡＩ社会で人間が幸せに生活する出発点を探ってみたい。

結論から述べると、やはり求めるべきは『人間らしさ』であると思う。実際、人が集まると、共感や連帯感が生まれる。日本人は特にチームワークに優れている。私の実感だが、特にシニアの集まりに参加していると、生きることに対しての深い洞察や社会に対しての意識や後世に対しての想いなど共感のエネルギーがとても強いと感じる。シニアはいうまでもなく人生経験豊富だ。人の人生に影響を与えている人も多い。脳科学の世界では、おおむね50歳を境にして結晶性能力がグングン伸びていくといわれている。いつまでも成長できるのだ。また、社会貢献の意識や地球の未来を考える意識が高まっていくのである。

実際、シニアの方と話していると、欲望と野心が溢れ、ギラギラしている人は少ない。社会貢献や子供の未来への憂いと責任を切々と語られる方が圧倒的に多い。また、身内の介護や自身の健康問題などさまざまなご苦労も背負っている方もいる。なのに、とても人間味に溢れている。また、接していると人としての温かみを感じるとホッとするし、学びが数多くある、人間味溢れ、信頼という言葉がぴったりの方も多い。まさしく人生の羅針盤としての存在感を示してくれる。

ＩＣＴ革命が急速に進展しているのは間違いがない。その根拠は変化や進化のスピードだろう。ＩＣＴ革命は約30年後には「シンギュラリティ（技術的特異点）」に達するといわれている。テクノロジーの進化に支配され、想像もつかないことが起こる世界へと変貌する。ＳＦ映画の世界が現実になるイメージの方が理解しやすいかもしれない。そんなことをメディアが喧伝したら、一般の方々は不安になるのは当然である。

しかし、考えてみてほしい。ＩＣＴやＡＩの活用も常に人間が主役なのである。私たちの生活環境の未来は人間らしい自分たちが考えるのが一番重要なことだ。そういう意味で、いつの時代になっても一番経験豊富で人間らしいシニアが主役であり続けてほしいと思う。

シニアに賞味期限はないのである。

提言27

もし、自分の会社の社長がAIだったら？

2016年5月17日の日本経済新聞の一面に「AI社長の下で働けますか」という記事が掲載された。まさに、AI社会の未来を予見する記事である。その記事の中には「決断が人の役割」とも記されている。早速、その後のセミナーや講演、会社説明会などで毎回引用している。インパクトのある記事だ。

なぜ、この記事をそれだけ活用しているのか？　それは私自身が、社長の仕事の半分以上はAIで代替できると思っているからだ。いや、正確にいうとAIに代わってほしいとさえ思っている。

実際に私が日々行っている仕事の大半は、現場把握、情報収集・判別、ビジネスチャンスの発掘、リスク察知などだ。そして、日々の多くのメール処理など。確かにAI

でも問題なく処理できるだろう。もちろんそれは数年先、10年先のＡＩも含めたＩＣＴ活用で、という意味であるが。

社長業というのは、一見するととても属人的な業務の連続に映るかもしれない。好奇心旺盛で大胆で平気でリスクテイクする。創業者は特にそうだ。少なくとも、日本の高度経済成長時代を支えてきた中小企業のタフな社長のイメージがオーバーラップするだろう。とりわけ、中小企業の創業者はとてもアナログ的でＡＩとは無縁であると思われている。

この点は私もそう思う。

ここで、少し社長の仕事を考えてみよう。組織を創り、組織をリードし、チームで成果を出すための強力なリーダーシップが必要である。そして、事業の創造、マーケット開拓などの先見性やチャレンジ精神も条件である。あとは、日々発生するリスクや問題に的確に処理する判断と対応策の指示も必要だ。もちろん、部下に何を任せて、自分が何をするかという権限移譲の責任範囲の明確化なども人事制度の構築と運用と併せて不可欠なものである。社員育成は当然、社長のする仕事のひとつである。

そしてもうひとつとても重要な社長の役割がある。それは「決断」である。山で遭難したときに誰が決断するかという類のものでもある。そのためには、社長自らが一番感度の高いレーダーの役割を果たさなければならない。空港の管制塔をイメージしてもらえればわかりやすい。今の時代、いうまでもなく情報過多の時代である。さまざまな要因が重なってのことであるが、この流れはますます加速する。今や中小企業といえども、世界の経営に関係する情報をキャッチアップできる時代である。今すぐにアフリカでビジネスする、しないは関係ない。経営判断するための情報収集の範囲がすでに地球規模に広がっているのは間違いない。

一方、日本国内を見ても、地方活性化、シニア活用、インバウンドの増加など、地方の情報にも精通しておく必要がある。毎日のようにＡＩやロボットやビッグデータなどの言葉がメディアを賑わしている。これらのテクノロジーや仕組みを経営判断のためのツールと考えるのも正しい。そして、経営環境そのものに影響を及ぼす、社会やビジネスインフラの変化という言い方もできるだろう。

さて、冒頭の話に戻ろう。社長の仕事はＡＩで代替できるのか？　皆さんどう思うだろうか？

社長という立場以外の方、つまり一般社員が「もし自分の会社の社長がＡＩだったら？」で考えるとどうだろうか。自らの会社の社長が生身の人間ではなく、ＡＩという得体の知れない技術に置き換わってしまう。しかし、それでも会社はなんとなく普段どおりまわっている・・・。これは一体どういうことなのだろうか・・・と考え込んでしまう。

もちろん、職業や経験、ＩＣＴへの精通度、関心度などの違いで反応は千差万別だろう。そもそも、ＡＩを詳しく知らない人も多い。ＩＣＴでさえも世間の大半が知らない。当然、冒頭の記事の言いたいことがチンプンカンプンの方もいるだろう。それも当然だ。ＡＩをなんとなく知っている人でもＩＣＴアレルギーの人は「そんな時代は来ない」と確信めいたように語る。おそらく「来ない」のではなく「来て欲しくない」のだろう。

「人間が主役の世界からＡＩが主役になる？」

そんなことはアナログ派には許されないストーリーなのだ。これはもっともな話である。私もそう思う。これからもずっと人間が主役であるべきだし、そうでないならテクノロジーや科学技術の発達は意味をなさない。

しかし、現実を直視することは大切だ。すでに、日本のような先進国に限らないが、ICTは私達の生活や仕事に組み込まれている。いまさら、これを否定できない。役に立っているか否かの問題ではない。無駄なエネルギーも使わずに、歩くことがいくら環境に優しく、健康に良いといっても、いまさら車がなかった江戸時代には戻れない。社長が日々、長年の失敗経験やさまざまな情報などを頼りに経営判断をする。時には、会計士などの専門家などにも相談する。弁護士も企業経営のリスク対策では欠かせない。しかし…そんな会計士や弁護士などの仕事は残念ながら、AIにとってかわられる職業の代表格であるのは間違いない。それは、知識と経験と論理的対応力が主たる仕事であるからだ。つまり、AIが最も得意とするところである。この領域で人間がAIと張り合ったところでかなわないことは、チェスや囲碁界のトッププレイヤーがＡＩとの対局で敗北を繰り返したニュースを見ても明らかである。

おもてなし業やサービス業もＩＣＴの余波はおよぶだろう。しかし、これらの専門職は、ホテルの受付がロボットになる・ならないの次元の話ではない。ホテルのサービスの場合、顧客が望めば、人によるおもてなしやサービスはなくならないはずだ。しかし、人によるおもてなしを望むなら、ある程度の出費を覚悟して満足を得る時代へと移行するだろう。人手不足の日本国内はそういう時代が到来している。ホテルだけでなく、レストランなども同様のことがいえる。

一方、職人や専門職はどうだろうか？　これらは随分前から、よく経験と勘と度胸の世界といわれてきた。ノウハウの伝承には暗黙知ではなく形式知が必要であり、明白である。そのポイントは他人が見えるように記録しておくことだ。記録になってしまえばＩＣＴの領域に組み込まれる。そこにＡＩ的に膨大なデータや情報を使って判断し、ロボットやＩｏＴの仕組みを介してさまざまな作業ができるようになる。とても効率的だし、合理的だ。なによりも、人間が疲れなくて済むし、ストレスも間違いなく軽減される。

私達はアフリカのルワンダにおいて会社を設立した。2016年5月にアフリカ・ウガンダに訪問したことがキッカケとなった。そのため、冒頭の記事の内容を見たときはドキッとした。この記事の冒頭には「ルワンダにオフィスを設けたらどうか?」とある。ルワンダでICTビジネスを始めるかどうかをAIが取締役会で提案するというストーリーだ。あまりにも、私達の置かれた状況と酷似していて驚いた。幸いにも私はAIに頼らず、自らルワンダでのビジネス活動のスタートを決定していたが、考えてみたら、簡単なAI的な判断を行っていたに過ぎない。長年のベトナム経験とICTビジネスが地球規模で重要になることは明白で、しかも、周囲は農業国である。私達の過去の事業に関する情報をインプットさえしていれば、AIであれば間違いなくアフリカビジネスにゴーサインを出すだろう。あとは、私自身の度胸、決断ということになるのかもしれない。それは、やはり私しかできないこと・・・と信じたいものだ。実は冒頭の記事を見てから、毎日こんなことを考えている。

やはり、AIがとってかわるだろう分野はたくさんある。社長の仕事に限らず、職人の領域もそうだし、すでに述べた弁護士、会計士的な仕事に従事するホワイトカラーの領域も該当する。社内を見渡せば、経理などは真っ先になくなる仕事のひとつだろう。これらの今ある仕事が、段階的にＡＩに置き換わった時、どんな世界が広がっているのだろうか？　人間がサイボーグのようになるわけがない。おそらくより人間らしさを求める世界となっているのではないだろうか。ＩＣＴ社会の中で人間がそのことを再認識し、人間が主役となり、仕事も進むのではないかと思う。改めて企業経営が人間らしさを武器にできる時代が到来するだろう。それは、私達が創業時から提唱してきたアナログ力とヒューマンブランドの強化にほかならない。そういう意味では、人間もＩＣＴも新たな革命期に突入していると実感する。

私自身、こんな時代に経営に携わることができることに喜びを噛みしめている。

おわりに

まえがきにも述べたが、本書は２０１５年〜２０１６年にかけて発信し続けてきた私自身のブログに加筆修正したものである。私が日本やアジア、そしてアフリカなどで活動する中で、日本の地方都市やベトナムの地方都市も巡り、日本人だけでなく外国人とも多く接する中で、その都度、感じたことや学んだこと、新しく発見したことを書き溜めてきたものだ。海外から見て、保守的で閉塞感や手詰まり感の蔓延する日本を何とかしたい気持ちと、実は日本はまだまだ捨てたもんじゃないという期待感が交錯しながら、複雑な心境であることは本書でもお伝えできたかと思う。わかりにくい点が多かったり、なかなか臨場感が伝えきれない点も多かったかと思う。拙文にご容赦いただきたい。

さて、本書のタイトルからしてＡＩビジネスの指南書と思われた方も多いだろう。あるいは、社長自身がＡＩとロボットに置き換わる話と思った方もいるだろう。日本国内ではＡＩの話題には事欠かない。ただ、それは先進国だけのようで、特に日本ではＡＩバブルの如く騒ぎたてているようにも見える。これならば、バイオや最先端医療などの方がよほどわかりやすい。それを伝えるメディアやＩＣＴサービス会社も無責任なものである。

日本がストレス社会であるという事実は、悲しいかな世界に広く知れわたっている。外国人が日本に初めて訪れると、美しく、便利で親切な国に感動する。東京の澄んだ空気にも驚いてくれる。海外からこのように評価されると日本人としては率直にうれしい。しかし、その一方でとても残念なことではある。日本は先進国の中だけでなく、世界の中でも突出して自殺者が多い国としても有名である。なんと切ないことか。戦後、豊かさや便利な生活を求めて、がむしゃらに働き、結果、海外から羨望の眼差しを向けられ、感動すら与えれるほどの国になっているというのに。しかし、どこかでボタンを掛け違えたようだ。

働きすぎだとも言われることも多いが、それだけが原因ではないだろう。利益至上主義や過度なＣＳの追及、苦労知らずに育ってきた世代などさまざまな要因が挙げられる。何か歯車が狂ってしまったのだろう。それに加えて、先行き不透明な高齢化社会へ突き進んでいる。今の若者は元気がないといわれて久しいが、私たち50歳代も先を見ると苦難の道に思える。この不透明感と閉塞感を打破することはできないのだろうか？　ひとつだけ断言できることは、それがＩＣＴやＡＩではないということだ。

本書のテーマでもあるＩＣＴ社会は着実に進化を続けている。ところが、このＩＣＴがストレスの最大の原因のひとつでもある。ＩＣＴに囲まれて生活したり、働いていると疲れる。パソコンやスマホの長時間の操作が体に良いとはとても思えない。このままいけば、日本はますます疲れきってしまうのではないか。

本文では割愛したが、ＩＣＴ社会の浸透で浮き彫りになる課題は実に多い。ひとつの事例として学校の先生を考えてみる。昔の先生には威厳もあったし、生徒から尊敬される存在であった。そして、何よりも怖かった。子供の教育に親が一番の責任を持つのはいうまでもないが、昔の先生たちも親と同じような気概で子供の教育に情熱を傾けた。現在は、教育の現場にＩＣＴが浸透している。ただでさえ多忙で疲れ気味の先生の多くはＩＣＴのマスターに悪戦苦闘している。それに加えて、知識の吸収は子供たちがネットなどで調べた方がはやい。先生たちも立つ瀬がない。将来、ＩＣＴやＡＩが教育現場にさらに浸透してくる。知識やノウハウだけを教える先生は、存在意義を失う日も近い。これからの先生たちが教えるべきは、人間力の形成のための教育や人間らしさという点なのかもしれない。現代の地球環境の現状をありのままに伝え、世界市民の一員としての視点を先生たちが教えていく。とすると、ＩＣＴ教育現場に求められる重要なカリキュラムは『人間力の養成』と言い換えることができる。

もうひとつ、介護とロボットの相関も考えてみたい。高齢化社会が急速に進む中、日本は介護を誰がするかという深刻な課題を解決できないままでいる。海外の人たちに介護を依頼するか、その役割をロボットに担ってもらうか。決断に迫られている。前者は先進国である日本の勝手な都合を押しつける話である。アジアから来てくれる人々がいつまでも続くとも限らない。そもそも、製造の現場や農業など日本人が敬遠している仕事をお願いしてきたツケはそろそろ回ってくる。後者は、日本の課題は日本だけで解決しようとする王道の考えであるが、ロボットに介護されることを是とする人々がどれだけいるだろうか？　介護を受ける側もさまざまな意味で人間としての

ＩＣＴ活用の未来

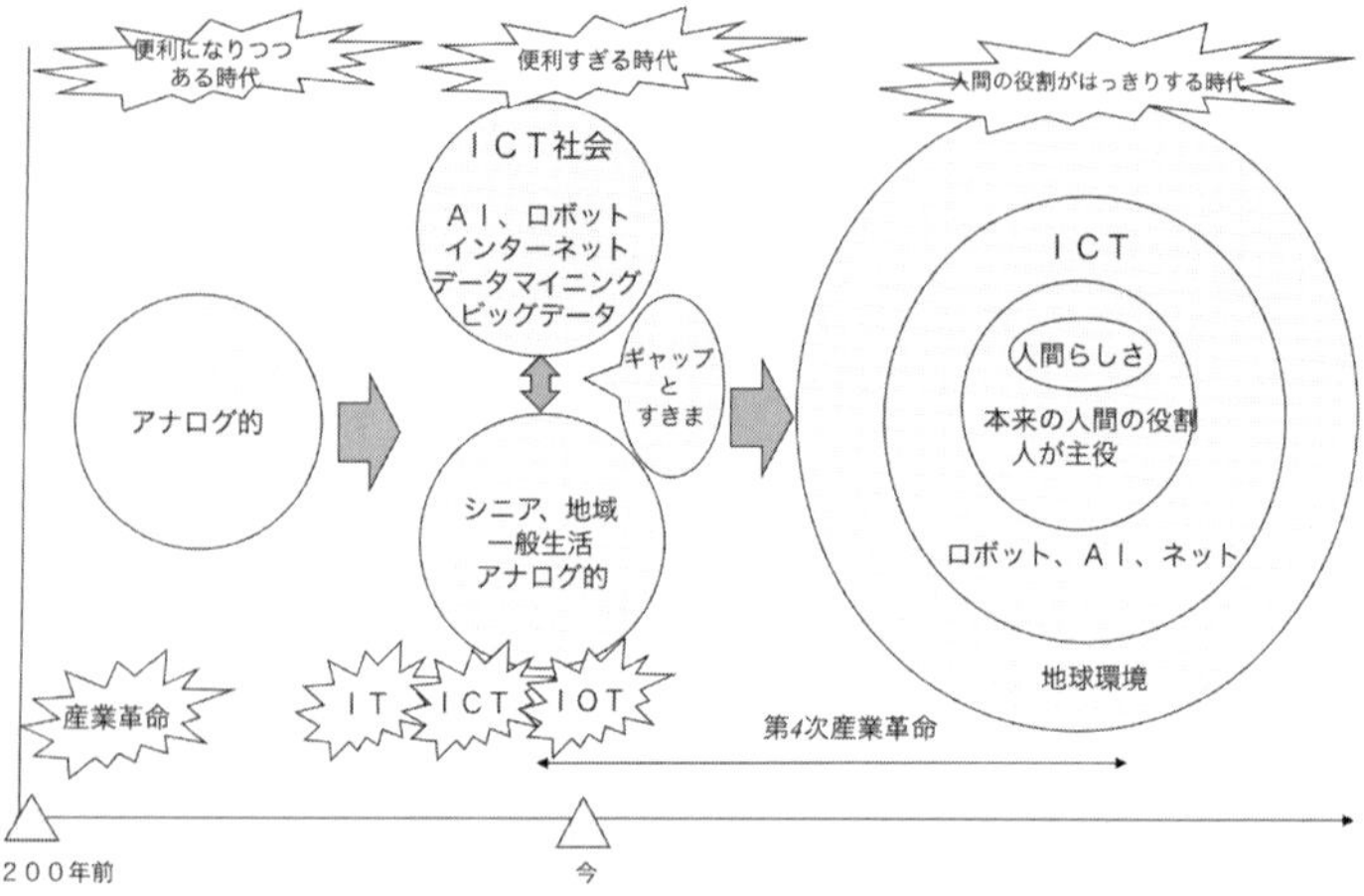

成長が求められるのかもしれない。想像するだけでとても深い課題である。

アフリカやアジアなど発展途上の地に立つと、そこには、日本人が忘れてしまった「人間らしさ」があるように感じる。それは生きる力であったり、幸福度ではないだろうか？「及ばざるは過ぎたるに勝れり」とは徳川家康の言葉であるが、今の日本はすべてが満たされ過ぎている。日本は途上国に対して教える立場となるケースが多いが、逆に相手から学ぶことはたくさんある。世界が同時につながる時代は、双方向

ＩＣＴ社会の未来と課題

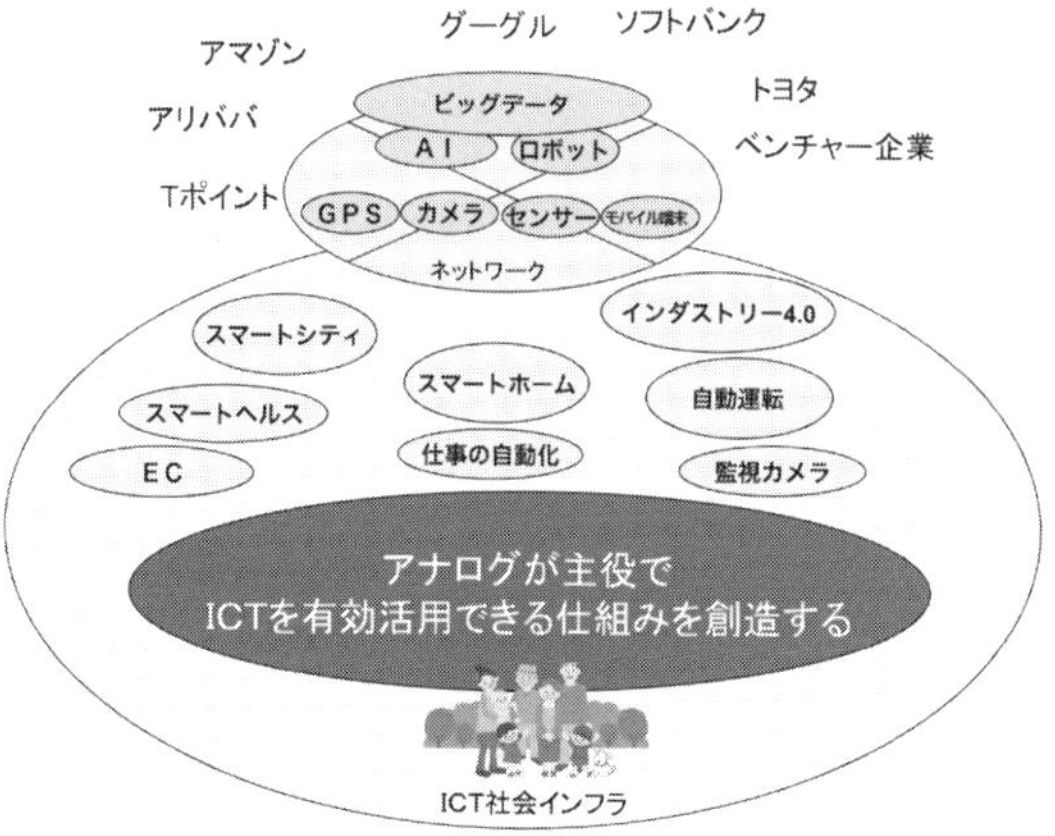

での学びの時代の到来とも言い換えることができる。

混迷する日本の未来や社会を誰が導いていくのだろうか？　政治か、国民か？　経済を支える企業の役割もとても大きいはずだ。〝はじめに〟でも述べたが、社会性の高い企業、地球と共生するビジネスを推進する企業などが、これからのＩＣＴ全盛時代には不可欠になるだろう。経営者の志やチャレンジスピリットはＩＣＴなどで代替できるものではない。『浪漫』と『ソロバン』の両立は難しいというが、実際にその困難に挑戦し続けている経営者はすでにいる。私達と共に活動している方々を紹介したい。まず、会宝産業株式会社の近藤典彦会長だ。静脈産業（消費された廃棄物を再び生産者へ運ぶ産業。経済活動を人体の血液の流れに例えている）の発展に信念をもって取り組まれている経営者である。また、アースアイズ株式会社の山内三郎社長の経営方針も明確だ。ＡＩテクノロジーを駆使した防犯システムを普及させ、誰もが安心できる暮らしの実現に奔走されている。株式会社きっとエイエスピーの松田利夫社長は60歳後半になっても、なお意気盛んにＩＣＴ業界の中で革新的なテーマで取り組みを続けておられる。人間が主役のＩＣＴ時代、ＡＩ時代を創りだすことを目指している。

私自身、あと20年ぐらいはビジネスも楽しみたいが、振り返ってみると人の縁とは実に不思議なものだ。『セレンディピティ※』という言葉もあるが、私は『偶然の必然』という表現を好んで使っている。実際、創業してからここまでを振り返ると、すべてが『偶然と必然』の連続だ。ベトナム事業も、出版社を運営していることも、すべては人との縁がキッカケである。これは、私が何をするかより誰とするかを先に考える

※偶然をきっかけに幸運をつかみとる力

タイプだからであろう。このような人と人とのつながりは、ＩＣＴ社会がどれだけ高度化しようとも人間だからこそ成せるもの。ＩＣＴがそんな人と人との出会いやつながりを意図的に創りだすことができたとすれば、出会いの感動自体がなくなってしまう。人間の感動には必ずしも最適解があるわけではない。人間の仕事を機械的な仕事と人間らしい仕事に単純化して区分けすると、これからのＡＩの活用方法もおのずと見えてくる。前者はＡＩで代替してもらえば足りる。人間は人間らしさをとことん磨いていけばよい。

「人間が関わるから付加価値が生まれる」。これからはこんな仕事が増えていくのだろう。私自身、今の仕事の大半はＡＩに代わって欲しいと真剣に思っている。その空いた時間で『人間らしいビジネス』を展開するための準備に使いたい。より人間らしい経営ができるようになるために。

ルワンダからケニアに向かう機上にて

【著者紹介】

近藤　昇（こんどう・のぼる）

1962年徳島県生まれ。ブレインワークスグループＣＥＯ。神戸大学工学部建築学科卒業。一級建築士、特種情報処理技術者の資格を有する。企業の総合支援事業を核に、経営革新支援、人材育成支援、セキュリティ支援、ＩＴアウトソーシング支援、ブランディング支援などのサービスを提供し、自ら現場での研修・指導を行う。新興国における日本企業のビジネスイノベーション支援実績は多数。ベトナムをはじめとしたＡＳＥＡＮ各国はもちろんのこと、現在はアフリカにおけるビジネス展開も推進中。新興国ビジネスの第一人者として活躍する。
「だから中小企業のアジアビジネスは失敗する」「ＩＣＴとアナログ力を駆使して中小企業が変革する」（いずれもカナリアコミュニケーションズ刊）など多数の著書がある。

著者近藤昇の最新ブログをチェック

ブレインワークスグループ

創業以来、中小企業を中心とした経営支援を手がけ、ＩＣＴ活用支援、セキュリティ対策支援、業務改善支援、新興国進出支援、ブランディング支援などの多様なサービスを提供する。ＩＣＴ活用支援、セキュリティ支援などのセミナー開催も多数。特に企業の変化適応型組織への変革を促す改善提案、社内教育に力を注いでいる。一方、活動拠点のあるベトナムにおいては建設分野、農業分野、ＩＣＴ分野などの事業を推進し、現地大手企業へのコンサルティングサービスも手がける。２０１６年からはアジアのみならず、アフリカにおけるビジネス情報発信事業をスタート。アフリカ・ルワンダ共和国にも新たな拠点を設立している。

http://www.bwg.co.jp/

もし、自分の会社の社長がAIだったら？

2016年10月15日〔初版第１刷発行〕

著　者　　近藤　昇
発行人　　佐々木　紀行
発行所　　株式会社カナリアコミュニケーションズ
〒141-0031　東京都品川区西五反田6-2-7
ウエストサイド五反田ビル3F
TEL　03-5436-9701　FAX　03-3491-9699
http://www.canaria-book.com

印刷　　石川特殊特急製本株式会社
装丁　　田辺智子デザイン室
ＤＴＰ　　新藤昇

ISBN978-4-7782-0369-6　C0034

カナリアコミュニケーションズの書籍のご案内

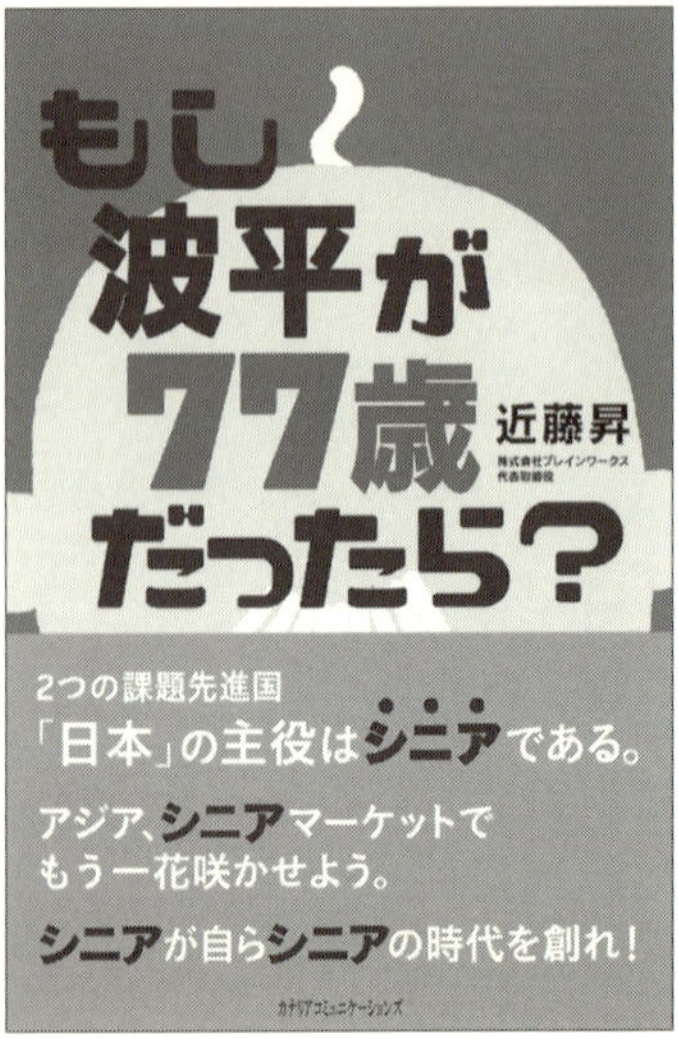

もし波平が77歳だったら？

近藤　昇 著

2016年1月15日発刊
価格1400円（税別）
ISBN978-4-7782-0318-4

人間は知らないうちに固定観念や思い込みの中で生き、自ら心の中で定年を迎えているということがある。

オリンピックでがんばる選手から元気をもらえるように、同世代の活躍を知るだけでシニア世代は元気になる。

ひとりでも多くのシニアに新たな希望を与える１冊。

第1章 シニアが主役の時代がやってくる
第2章 アジアでもう一花咲かせませんか?
第3章 日本の起業をシニアが活性化する時代
第4章 中小企業と日本はシニアで蘇る
第5章 シニアは強みと弱みを知り、変化を起こす
第6章 シニアが快適に過ごすためのICT活用
第7章 シニアがリードする課題先進国日本の未来

カナリアコミュニケーションズの書籍のご案内

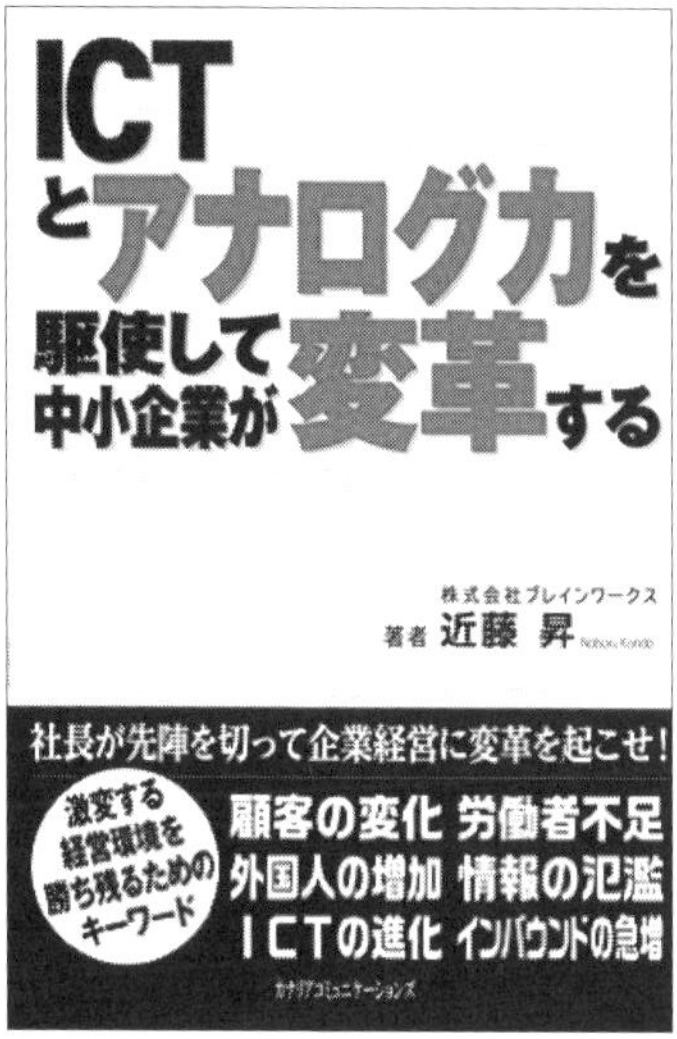

ICTとアナログ力を駆使して中小企業が変革する

ブレインワークス　近藤　昇 著

2015年9月30日発刊
定価 1400円（税別）
ISBN978-4-7782-0313-9

第１弾書籍「だから中小企業のＩＴ化は失敗する」（オーエス出版）から約15年。

この間に社会基盤、生活基盤に深く浸透した情報技術の変遷を振り返り、現状の課題と問題、これから起こりうる未来に対しての見解をまとめた１冊。

中小企業経営者に役立つ知識、情報が満載！！

第１章　ＩＣＴに振りまわされる続ける経営者
第２章　アナログとＩＣＴの両立を考える
第３章　パソコンもオフィスも不要な時代
第４章　今どきのＩＣＴ活用の実際
第５章　エスカレートする情報過多と溺れる人間
第６章　アナログとＩＣＴの境界にリスクあり
第７章　水牛とスマートフォンを知る
第８章　中小のアナログ力が際立つ時代の到来

カナリアコミュニケーションズの書籍のご案内

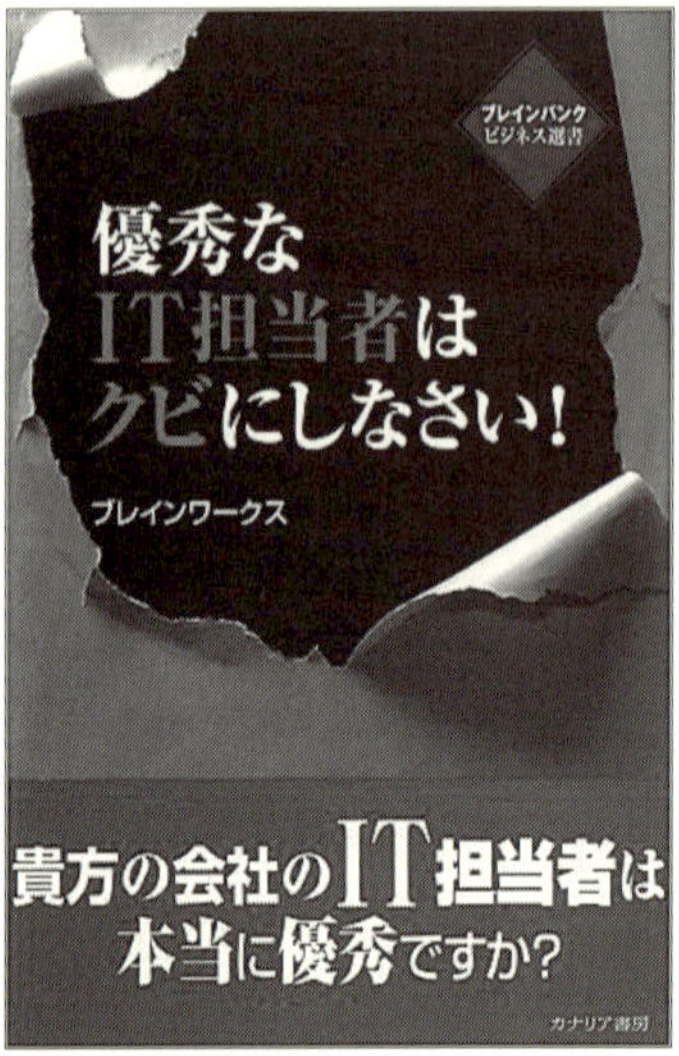

優秀な IT担当者は クビにしなさい!

近藤　昇 著

2007年3月20日刊行
価格1400円（税別）
ISBN:978-4-7782-0039-8

貴方の会社のＩＴ担当者は本当に優秀ですか？
中小企業の経営者のほとんどは自社のＩＴ担当者を優秀だと自負しています。
しかし、それは優秀であることの意味を勘違いしているケースがほとんどなのです。
「パソコンに詳しい」「前職が大手ベンダーだった」などなど、
そんな理由でＩＴ担当者を任命していませんか？
これからの企業に必要なのは、本当に優秀なＩＴ担当者なのです！
本当に優秀なＩＴ担当者の姿とは？
ＩＴ経営時代を勝ち抜く経営者に捧げる必読本！！

プロローグ　「社長、優秀なＩＴ担当者などいませんよ！」
第１章　日本のＩＴ業界のレベルは最低ランク！？
第２章　ブラックボックス化するＩＴ担当者の恐怖
第３章　ＩＴ担当者に捧げる『７つの教訓』
第４章　ＩＴ経営に成功した企業はココが違う！

カナリアコミュニケーションズの書籍のご案内

セキュリティ対策は乾布摩擦だ!

ブレインワークス　編著

2007年4月20日発刊
価格1500円（税別）
ISBN978-4-7782-0044-2

風邪をひいたからといって注射を打っていては本質は何も変わらない。

風邪をひかない強靭な体質を作り出すために、日々の乾布摩擦が大切なのだ！

会社のセキュリティ対策の成否も体質が左右する。

セキュリティ対策で悩む経営者、内部統制対策に悪戦苦闘する担当者の皆さんに捧げる、セキュリティ体質強化のポイントをわかりやすく解説した１冊。

最小の投資で最大の効果をあげるためのセキュリティ対策の秘訣は乾布摩擦にあった！

継続的な乾布摩擦で強靭なセキュリティ体質を目指せ。

第１章　なぜ、セキュリティは必要なのか?
　―セキュリティ対策で右往左往してしまう経営者　セキュリティ対策が必要なワケ ほか
第２章　今だからこそ、セキュリティを再考する
　―セキュリティに対する妄想を断ち切れ!　経営者にとってのセキュリティとは? ほか
第３章　セキュリティ対策の第一歩は『乾布摩擦』から始める
　―セキュリティ対策は乾布摩擦だ!　整理整頓が基本!『5S+1S』を身につける ほか
第４章　これで万全!セキュリティ対策の最適解
　―セキュリティ対策は人事面から見直す　7つのポイントで情報へのアクセス管理をマスター ほか
第５章　事例で学ぶセキュリティ対策のツボ
　―ルールと現場の乖離が浮き張りになったA社の事例　個人パソコンの社内持ち込みから情報が漏えいしたB社 ほか

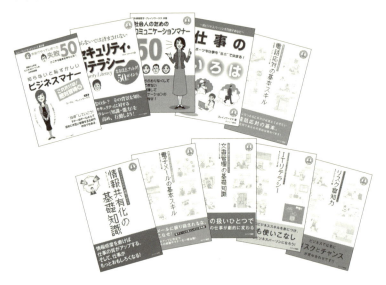

カナリアコミュニケーションズの書籍のご案内

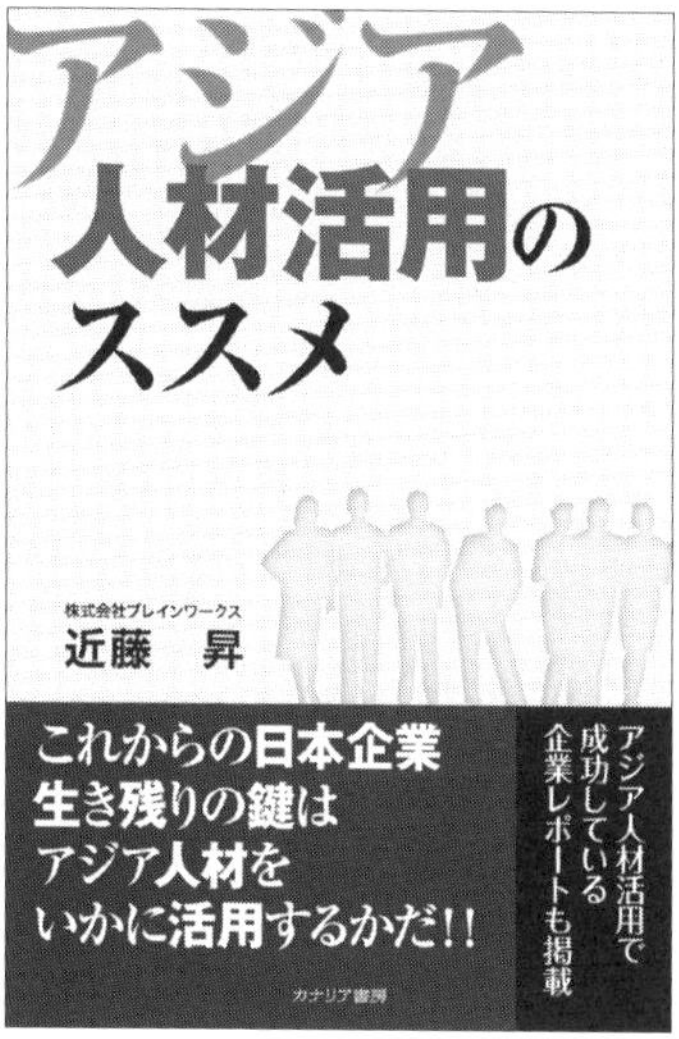

なぜ、中小企業がアジアビジネスを手がけると上手くいかないのか？
この1冊に問題解決のヒントが！！

アジア人材活用のススメ

ブレインワークス　近藤　昇　著

2013年1月10日発行
定価　1400円（税別）
ISBN978-4-7782-0238-5

創業以来アジアビジネスに関わり続ける著者が書き下ろす成功の秘訣とは？

いまや中小企業も生き残りのためにはアジアへ目を向けざるを得ない。その現状に気付いている経営者もいるが、実際アジアビジネスを手がけると上手くいかず苦戦を強いられている。なぜなのか？文化が違う？法律の問題？ポイントは「現地人」をいかに活用するかなのだ。現地人材を育て、活用することこそが、アジアビジネス成功には必須条件となる。そのポイントを余すことなくお伝えします。

カナリアコミュニケーションズの書籍のご案内

これからの日本企業に取ってアジアグローバルの視点は欠かすことのできない経営課題の1つだ！
そのヒントがこの1冊に凝縮！

だから
中小企業の
アジアビジネスは
失敗する

ブレインワークス　近藤　昇 著

2013年2月14日発行
定価　1400円（税別）
ISBN978-4-7782-0242-2

日本全国の中小企業は今後のビジネス展開において、アジア進出が欠かせない経営戦略となる中、多くの企業が進出に失敗してしまっているのが事実である。そんな中、自身も18年前からベトナムに進出をし、アジアビジネスを知り尽くした近藤昇より、アジアビジネスの本質から、リスクマネジメントの方法まで、具体的なノウハウを伝授いたします。